BIBLIOTHÈQUE

BIOLOGIQUE INTERNATIONALE

PUBLIÉE SOUS LA DIRECTION

De M. J.-L. DE LANESSAN

Professeur agrégé d'histoire naturelle à la Faculté de médecine de Paris

XII

Volumes déjà parus de la même Bibliothèque :

I. **Les microphytes du sang et leurs relations avec les maladies,** par Timothée-Richard LEWIS. 1 vol. in-18, avec 39 figures dans le texte. . . . . 1 fr. 50

II. **La lutte pour l'existence et l'association pour la lutte,** par J.-L. DE LANESSAN, député de Paris, professeur agrégé, etc., etc. 1 vol. in-18. . . . . 1 fr. 50

III. **De l'embryologie et de la classification des animaux,** par E. RAY LANKESTER, professeur de zoologie et d'anatomie comparée à l'University College de Londres. 1 vol. in-18, avec 37 figures dans le texte. . . . . 1 fr. 50

IV. **L'examen de la vision au point de vue de la médecine générale,** par Aug. CHARPENTIER, professeur à la Faculté de médecine de Nancy. 1 vol. in-18, avec 15 figures dans le texte . . . . 2 fr.

V. **La métallothérapie, ses origines, son histoire et les procédés thérapeutiques qui en dérivent,** par le Dr H. PETIT, sous-bibliothécaire à la Faculté de médecine de Paris. 2e édition. 1 vol. in-18. . . . . 2 fr.

VI. **Le protoplasma considéré comme base de la vie des animaux et des végétaux,** par HANSTEIN, traduit de l'allemand. 1 vol. in-18. . . . . 2 fr.

VII. **Les ferments digestifs, la préparation et l'emploi des aliments artificiellement dirigés,** par William ROBERTS, traduit de l'anglais. 1 vol. in-18. . . . . 2 fr.

VIII. **La chimie de la panification,** par le professeur GRAHAM, traduit de l'anglais. 1 vol. in-18 . . . . 2 fr.

IX. **De la formation des espèces par la ségrégation,** par Moritz WAGNER, traduit de l'allemand. 1 vol. in-18. 1 fr. 50

X. **La mère et l'enfant dans les races humaines,** par le Dr A. Corre, médecin de 1re classe de la marine, professeur agrégé à l'École de médecine navale de Brest. 1 vol. in-18 de 280 pages, avec figures dans le texte. . . . . 3 fr. 50

XI. **Microchimie végétale, guide pour les recherches phyto-histologiques,** à l'usage des étudiants, par V. A. POULSEN, traduit par P. LACHMANN. 1 vol. in-18. . . . . 2 fr.

XII. **Le sommeil normal et le sommeil pathologique. Magnétisme animal, hypnotisme, névrose hystérique,** par E. YUNG, privat-docent à l'université de Genève. 1 vol. in-18. 2 fr. 50

Coulommiers. — Imp. Paul BRODARD

BIBLIOTHÈQUE BIOLOGIQUE INTERNATIONALE

LE SOMMEIL NORMAL

ET LE SOMMEIL PATHOLOGIQUE

MAGNÉTISME ANIMAL, HYPNOTISME, NÉVROSE HYSTÉRIQUE

PAR

Émile YUNG,
Docteur ès sciences, privat-docent à l'Université de Genève.

PARIS
OCTAVE DOIN, ÉDITEUR
8, PLACE DE L'ODÉON, 8

1883

LE SOMMEIL NORMAL

ET LE SOMMEIL PATHOLOGIQUE[1]

I

Notions sur le mécanisme de nos sensations. Les actions nerveuses conscientes et les actions réflexes. Illusions et hallucinations. Le sommeil normal. Les rêves.

L'étude scientifique du sommeil normal, base indispensable à l'étude du sommeil pathologique, ressort de deux sciences étroitement alliées, la physiologie et la psychologie. Cette dernière, la science de l'esprit, traverse de nos jours une période de métamorphose intéressante. Elle a réussi à secouer les langes métaphysiques qui l'ont enserrée trop longtemps, et elle a demandé aux sciences positives les éléments nécessaires à son évolution ultérieure. Toute science du reste, dans sa marche progressive, passe par deux grandes phases, deux grandes périodes. Dans la première, que l'on pourrait appeler sa période d'enfance,

1. Ce travail est le résumé de conférences publiques données par M. Yung pendant les mois de janvier et février de cette année, dans l'Aula de l'Université de Genève.

elle se contente d'observer et de décrire le plus grand nombre de phénomènes possible, puis plus tard, dans son âge mûr, elle cherche le *pourquoi* et le *comment* de ces phénomènes, la loi qui les régit; elle s'élève ainsi aux idées générales. Après l'analyse, la synthèse; après avoir été essentiellement descriptive, la science devient explicative. La psychologie se trouve sur le seuil de cette seconde période, et son grand titre de gloire dans notre siècle aura été de montrer que les phénomènes de l'esprit sont le résultat de la fonction d'un organe, fort complexe à la vérité, le cerveau.

Autant que nous possédons aujourd'hui de connaissances positives à cet égard, nous savons en effet que les phénomènes psychiques ne se manifestent qu'au sein d'une certaine substance organique, composée d'éléments cellulaires bien définis et que nous appelons la matière nerveuse cérébrale. La pensée est si indissolublement attachée à cette substance qu'elle subit immédiatement le contre-coup de ses altérations et que nous ne pouvons plus scientifiquement l'imaginer une fois cette substance détruite. La matière nerveuse cérébrale, la base physique de l'esprit, peut être soumise à l'expérience, et c'est en devenant expérimentale que la psychologie est appelée à faire d'immenses progrès. — Ceci soit dit pour indiquer dès l'abord le point de vue auquel nous devons nous placer dans l'étude si obscure et si controversée de la question du sommeil.

On a écrit de gros volumes sur le sommeil, et chaque année en voit paraître encore sur cette question; la plupart sont des échafaudages d'hypothèses faites en vue d'expliquer des idées *à priori*. On y tourne dans un cercle vicieux. La théorie du sommeil ne peut être écrite faute de connaissances positives sur ses conditions d'existence. Nous possédons cependant un certain nombre de ces connaissances, ce sont elles que je me propose de résumer en vue de nous rendre compte des anomalies du sommeil.

Je ne puis penser à tracer l'histoire des hypothèses multiples faites par l'homme pour se rendre compte de l'origine de sa connaissance. Nous pouvons affirmer toutefois que, réduite à ses éléments, notre connaissance du monde extérieur consiste en sensations. Un enfant qui viendrait au monde sans organes des sens, dépourvu du toucher, du goût, de l'odorat, de l'ouïe et de la vue, ne pourrait acquérir aucune autre notion que celles de sa vie végétative; aussi développé que nous l'imaginions, son cerveau demeurerait éternellement ignorant de ce que nous nommons son, lumière, chaleur, etc.

Nous ne connaissons donc l'univers que par l'intermédiaire de nos cinq organes des sens, et nous n'en savons que ce que ces derniers sont aptes à recueillir, c'est-à-dire une portion assurément très limitée.

Les travaux modernes des physiologistes et des physiciens ont mis hors de doute qu'en dehors de la conscience toutes les sensations se réduisent à des mouvements. — Prenons par exemple le son. Nous savons tous pour l'avoir éprouvée mille fois ce qu'est une sensation sonore. — Analysée de près, cette sensation se trouve être un mouvement ondulatoire des molécules de l'air qui se communique au tympan, aux osselets de l'oreille moyenne, aux extrémités, puis à toute la masse du nerf auditif, enfin à la substance cellulaire de la circonvolution temporo-sphénoïdale du cerveau (Ferrier), où, par une transformation sur laquelle nous n'avons que des renseignements insuffisants, ce mouvement devient un fait de conscience. Enlevez le cerveau ou simplement (Broadbent) lésez le petit centre auditif que nous venons de signaler, il n'y a plus de sensation sonore, mais seulement des mouvements. Il n'y a pas de son pour les corps bruts, il n'y a pas de son pour la plante.

En changeant un peu les termes, la nature du milieu dans lequel se produit le mouvement ondulatoire, le lieu de réception de ce mouvement, nous pourrions appliquer ce que nous venons de dire à ce que nous nommons lumière, chaleur, pesanteur, odeur, saveur, etc. Tous les agents susceptibles d'impressionner l'œil, l'oreille, les nerfs de la sensibilité générale et de la sensibilité spéciale, se réduisent à des mouvements vibratoires.

Il faut ajouter, en continuant à prendre le son comme exemple, que notre nerf auditif, spécialement apte à recueillir les vibrations atmosphériques ne l'est, comme nous le disions tout à l'heure des sens en général, que dans une certaine mesure. C'est ainsi que, au-dessous de 16 vibrations par seconde et au-dessus de 48 000 environ, il n'y a plus de sensations sonores pour le cerveau humain, et qu'entre ces deux limites extrêmes il y a place pour de grandes différences individuelles. Est-ce à dire que l'air ne puisse vibrer plus lentement ou plus rapidement ? En aucune façon. Aussi pouvons-nous nous imaginer un nerf auditif ou un cerveau idéal, beaucoup plus délicat et mieux construit que le nôtre, dont le champ d'activité serait beaucoup plus vaste et lui permettrait de transformer en sensations sonores une *gamme* de vibrations beaucoup plus étendue. Il est probable qu'il existe des animaux transformant en sons des mouvements ondulatoires sortant des limites que j'ai indiquées comme propres à l'oreille humaine. Du reste, parmi les hommes il existe sous ce rapport une diversité dont chacun peut citer des exemples. Certaines personnes entendent des bruits pour lesquels d'autres personnes voisines demeurent parfaitement sourdes. « Rien n'est plus surprenant, écrit sir John Herschell, que d'avoir à constater que, de deux personnes qui ne sont sourdes ni l'une ni l'autre, l'une se plaint de l'éclat trop pénétrant du son émis, tandis que l'autre n'entend rien du tout. Dans mon ouvrage sur les glaciers des Alpes, j'ai rapporté un cas de portée très faible de l'oreille dont j'ai été témoin quand je traversais la montagne près de Wengern en compagnie d'un ami. L'herbe des deux côtés grouillait d'insectes qui pour moi remplissaient l'air de leurs cris perçants. Mon ami, lui, n'entendait rien, la musique des insectes était bien audelà des limites de son ouïe [1]. »

On pourrait multiplier les exemples et en citer de semblables pour tous nos autres sens, ce qui est la meilleure preuve de la relativité de nos sensations.

Pour bien comprendre ce qui suivra, il faut nous rappeler encore que la perception d'une sensation se traduit ordinairement par des mouvements de nos organes, mais qu'une sensation peut parfaitement se produire sans que nous en ayons conscience et provoquer, comme contre-coup de notre part, des mouvements également incons-

1. John Tyndall, *Le son*, trad. de l'abbé Moigno, p. 80.

cients, des mouvements involontaires que l'on nomme en physiologie des *mouvements réflexes.*

Chez les animaux supérieurs, dont l'homme est le type le plus parfait, une sensation pour devenir consciente doit nécessairement être transmise au cerveau. Mais il en est dont le cerveau malade ou détérioré, à la suite d'une tumeur ou d'une blessure par exemple, n'est plus propre à fonctionner. Enlevez le cerveau à un pareil animal, vous ne le tuerez pas, mais vous le réduirez à un état de vie purement végétative et inconsciente. On peut vivre sans cerveau, mais on ne peut plus ni sentir ni vouloir. La spontanéité des actions est totalement abolie.

Comparez pour vous en convaincre deux animaux, deux pigeons par exemple, dont l'un sera privé de cerveau, tandis que l'autre l'aura conservé intact. — Tandis que celui-ci montrera la spontanéité d'action que vous savez, l'autre sera inerte, incapable de prendre de la nourriture, incapable d'exécuter aucun mouvement volontaire. Il faudra pour l'entretenir en vie lui introduire de la nourriture jusqu'au fond du pharynx. La motricité n'est pas détruite cependant, car il retirera la patte que vous pincerez, il volera si vous le lancez en l'air; mais il ne se mettra jamais de lui-même en mouvement.

Les mouvements réflexes sont toujours mêlés, à

l'état normal, aux mouvements volontaires, et certains mouvements volontaires peuvent, par une fréquente répétition, une longue habitude, passer à l'état de mouvements réflexes. La marche en est un exemple : il n'est pas nécessaire, une fois que nous avons commencé à marcher, d'un acte volontaire à chaque pas que nous faisons. Dans l'opération du tricotage, une dame peut parfaitement appliquer sa volonté à tout autre usage, ses doigts continuent d'une façon réflexe à exécuter des mouvements coordonnés. — On cite le cas de pianistes qui, après avoir entamé un morceau souvent joué par eux, l'exécutaient en entier en pensant à toute autre chose, en tenant une conversation ou même après s'être endormis.

On connaît un très grand nombre de cas pathologiques dans lesquels l'homme est entièrement réduit à l'état d'activité inconsciente. Ces malades sont en tous points comparables à l'animal privé expérimentalement de cerveau; les pousse-t-on, ils marchent droit devant eux jusqu'à ce qu'ils viennent à rencontrer un obstacle, ils conservent indéfiniment la position qu'on leur donne, une jambe levée, un bras tendu, et continuent l'action dont on leur a donné l'impulsion. Je n'insiste pas sur ces faits, dont nous apprécierons la haute valeur dans l'analyse des phénomènes somnambuliques.

Il existe donc, outre le cerveau, un centre moteur répondant par des mouvements involontaires à des sensations inconscientes; ce centre est la moelle épinière.

Analysons maintenant un peu plus complètement le mécanisme d'une sensation. Nous y voyons toujours concourir trois appareils : un appareil *récepteur* différemment conformé, papilles tactiles de la peau, papilles gustatives de la langue, œil, oreille, etc., qui reçoit le mouvement ondulatoire des agents physiques, son, lumière, chaleur, etc.; un appareil *transmetteur*, le nerf, composé de tubes nerveux élémentaires groupés en faisceaux, qui communique le mouvement reçu par le précédent; enfin un appareil *percepteur*, moelle épinière ou cerveau composé de cellules nerveuses où aboutissent les éléments fibreux des nerfs sensitifs et d'où partent d'autres fibres qui constituent, en se groupant, les nerfs moteurs qui se rendent sur les muscles dont ils provoquent la contraction.

Il nous faut par conséquent distinguer deux directions principales du mouvement vibratoire : les vibrations de la sensibilité sont centripètes, c'est-à-dire dirigées de la périphérie vers le centre; les vibrations de la motricité sont centrifuges, c'est-à-dire dirigées du centre vers la périphérie. Ainsi, lorsque nous approchons le doigt d'un corps brûlant, le brusque changement de la température aux extrémités des nerfs sensitifs leur imprime un mouvement qui se transmet de proche en proche avec une vitesse connue (de 20 à 30 mètres par seconde) jusqu'aux cellules de la substance grise du cerveau, où il se transforme en sensation de douleur et se répercute immédiatement sur les fibres nerveuses motrices, s'éloigne du cerveau et, par l'intermédiaire des extrémités de ces dernières, fait contracter le muscle.

Dans le cas où les mouvements sont transmis au cerveau il y a sensation consciente; dans le cas où ils s'arrêtent aux cellules de la moelle épinière, la sensation est inconsciente.

Chez les animaux supérieurs, l'homme par exemple, les nerfs de la sensibilité spéciale sont impropres à conduire d'autres impressions que celles pour lesquelles ils se sont spécialisés. Pincez, coupez, comprimez, ébranlez d'une manière quelconque le nerf optique, par exemple, celui-ci ne transmettra pas de sensation douloureuse, mais une sensation lumineuse. En pareille circonstance, le nerf auditif transmettra une sensation sonore, etc.

Ce fait nous montre qu'il n'est pas indispensable que l'impression vienne frapper l'extrémité du nerf sensitif, et il nous aide à comprendre comment il se peut que nous recevions des impressions variées en dehors des agents qui les provoquent normalement. Dans l'obscurité la plus complète, on peut ressentir des sensations lumineuses; il suffit pour cela, comme chacun le sait, de se comprimer un peu fortement le globe oculaire (phosphènes).

Nous ne connaissons pas encore d'une manière tout à fait précise les localités de la surface cérébrale, où les mouvements communiqués par les vibrations lumineuses ou les vibrations sonores se transforment en sensations conscientes de lumière ou de son, mais il est probable que toutes les cellules du cerveau ne sont pas indistinctement propres à cet usage. Il est très probable qu'il y a là une division du travail physiologique qui fait que certains groupes cellulaires sont spécialement destinés aux transformations lumineuses, d'autres groupes aux transformations sonores, etc.

Imaginons qu'un ébranlement mécanique quelconque, un afflux plus considérable du sang dans la région correspondante du cerveau par exemple, vienne à exciter un de ces groupes cellulaires, il en résultera que cette action mécanique provoquera une sensation consciente ou réveillera des sensations antérieures. Et c'est ainsi que dans certaines circonstances, par défaut de jugement, par défaut de contrôle, nous serons conduits à interpréter, comme des sensations lumineuses ou des sensations sonores réelles, des agitations internes, indépendantes de toute lumière ou de tout son, des centres optiques ou des centres auditifs.

D'une manière analogue, dans certains états d'altération des conducteurs nerveux, des impressions réelles, objectives, pourront être modifiées pendant leur transmission au cerveau. De là des perceptions fausses d'images, de notes, etc., provenant d'un état pathologique, d'une nutrition anormale du nerf optique ou du nerf auditif.

Telles sont, brièvement indiquées, les principales aberrations de nos communications avec le monde extérieur. Nous les résumerons en disant qu'une impression réelle agissant sur l'appareil nerveux périphérique peut provoquer des mouvements involontaires et inconscients lorsque cette impression n'a pas été communiquée jusqu'au cerveau, ce qui peut arriver dans une foule de cas dans lesquels l'impression s'arrête dans les cellules de la moelle épinière. Que, d'autre part, les nerfs conducteurs ou les centres cellulaires percepteurs peuvent être directement ébranlés par des mouvements internes (tumeurs, pression sanguine) ou par les phénomènes encore mal expliqués que nous rapportons à l'imagination, et donner naissance de cette manière à des sensations conscientes que nous interprétons comme si elles correspondaient à des impressions ayant une cause externe. Enfin que des impressions normales peuvent être altérées pendant leur transmission au cerveau, de telle sorte que la conscience ne les interprète pas telles qu'elles sont en réalité.

On a donné le nom d'*illusions* à ces transformations des impressions à travers des conducteurs défectueux, et le nom d'*hallucinations* aux sensations conscientes qui ne correspondent pas à des impressions extérieures. L'hallucination, dit Ball, est une perception sans objet.

Ainsi l'individu qui voit un brigand armé jusqu'aux dents lorsqu'il a sous les yeux un tronc d'arbre, celui qui entend le bruit du tonnerre lorsqu'un meuble remue dans sa chambre, ou un coup de pistolet au moindre craquement du plancher; celui qui sent une odeur nauséabonde lorsqu'il est entouré de parfums, tous ces individus sont victimes d'illusions.

Celui qui dans l'obscurité ou les yeux fermés voit passer des fantômes, celui qui dans le silence le plus absolu entend des voix célestes qui lui communiquent des ordres surnaturels, celui qui croit toucher des anges ou des démons alors qu'aucun objet ne frappe ses extrémités tactiles, sont des hallucinés.

De tout temps, les illusions et les hallucinations qui n'ont pas été rectifiées par un jugement sain ont servi une foule de superstitions, qui de nos jours sont encore habilement et fréquemment exploitées.

Les illusions et les hallucinations ne sont pas rares à l'état normal chez les personnes craintives ou extrêmement crédules. La peur, le chagrin, le prestige d'un être auquel on accorde un savoir mystérieux ou une puissance surnaturelle sont des conditions favorables à la production de ces phénomènes. Chacun y a été soumis une fois dans sa vie, surtout dans la période de l'enfance.

Ajoutons que l'hallucination aussi bien que l'illusion peuvent être volontairement provoquées. Nous pouvons par un effort de notre volonté revoir telle ou telle personne, tel ou tel objet que nous n'avons pas vus depuis des années, entendre certains airs depuis longtemps oubliés.

Chacun connaît l'exemple de Talma, qui, lorsqu'il entrait en scène, faisait volontairement disparaître les vêtements de son nombreux et brillant auditoire et substituait à ces personnages vivants autant de squelettes. « Lorsque son imagination avait ainsi rempli la salle de ces singuliers spectateurs, l'émotion qu'il en éprouvait donnait à son jeu une telle force qu'il en résultait souvent les effets les plus saisissants[1]. »

Des exemples de cette nature sont extrêmement nombreux. Un médecin français, Brierre de Boismont, a groupé à ce sujet un nombre considérable de documents, dans son ***Traité dés hallucinations***, auquel puisent depuis plus de vingt ans tous les auteurs d'ouvrages populaires.

1. Brierre de Boismont, *Hallucinations*, p. 28.

Les hallucinations persistent parfois fort longtemps. Le libraire Nicolaï en ressentit à la suite de vifs chagrins; il les observa avec soin, les attribuant avec raison à des troubles de la circulation cérébrale. Nicolaï aperçut tout à coup un beau jour une figure de mort qui se montra une première fois très distincte pendant huit minutes; puis, un peu plus tard, il vit plusieurs de ces figures qui persistèrent pendant deux mois, le suivant partout, se modifiant, se multipliant, aussi distinctes en compagnie que dans la solitude, le jour que la nuit. A différentes reprises, il vit même des gens à cheval, des chiens, des oiseaux. — Quatre semaines après leur apparition, des hallucinations de l'ouïe s'ajoutèrent à celles de la vue. « Je commençai, dit-il, à entendre parler mes apparitions, quelquefois elles conversaient entre elles, le plus souvent elles m'adressaient la parole; leurs discours étaient courts et généralement agréables. A différentes époques, je les pris pour des amis tendres et sensibles qui cherchaient à adoucir mes chagrins. » (Brierre de Boismont.)

Les hallucinations de la vue, quoique beaucoup moins fréquentes que celles de l'ouïe, ont en général plus de netteté. Parmi ces dernières, on peut noter une quantité de degrés depuis le simple bourdonnement d'oreille jusqu'aux bruits de pas, aux paroles qui, se groupant, constituent des phrases entières ayant un sens plus ou moins logique et dont les conséquences possibles sont interprétées de différentes manières par l'halluciné.

Nous avons laissé entendre que l'ébranlement interne de certains groupes cellulaires du cerveau pouvait influencer des groupes voisins et réveiller des impressions venues du dehors. L'hallucination n'est souvent que l'image répétée d'une sensation antérieure. On connaît de nombreux cas de personnes qui possèdent la faculté de revoir ou d'entendre de nouveau, en leur absence, certains objets, certains individus, certains airs de musique qu'elles ont vus ou entendus réellement une première fois. M. Taine, dans son beau livre sur l'Intelligence, cite l'exemple de Gustave Doré pouvant faire, en son absence, le portrait d'une personne qu'il a regardée une seule fois attentivement, réveillant son image et la replaçant au devant de lui par une véritable hallucination. Le même auteur se cite lui-même à propos de l'hallucination auditive. « Tout à l'heure, dit-il, pensant à une représentation du *Prophète*, je répétais silencieusement en moi-même la pastorale de l'ouverture et je suivais, j'ose dire, je sentais presque non seulement l'ordre des sons, leurs diverses hauteurs, suspensions et durées, non seulement la phrase musicale répétée en manière d'écho, mais encore le timbre perçant et poignant du haut-bois qui la joue, ses notes aigres, tendues, d'une âpreté si agreste que les nerfs en sursautent, pénétrés d'un plaisir rude comme par la saveur d'un vin trop cru [1]. »

L'hallucination produite par des sensations douloureuses internes a fait croire, dans les âges d'ignorance dont nous ne sommes, hélas! pas encore très éloignés, à la présence, dans le corps de certaines personnes, du diable ou de démons que ces personnes prétendaient voir et entendre au dedans d'elles, alors qu'elles souffraient tout simplement de quelque inflammation intérieure.

Ces phénomènes, fréquents déjà à l'état normal, le deviennent beaucoup plus dans certains états pathologiques (névrose hystérique, folie, etc.); ils accompagnent souvent le sommeil, le premier terme de passage qui nous conduira au somnambulisme.

Résumons donc ce que nous savons de la physiologie du sommeil.

Le sommeil est, chacun le sait, cet état de repos périodique dans lequel entrent d'une manière fatale et nécessaire nos organes de la vie animale. Le sang se portant en plus grande abondance vers les organes de la vie végétative (digestion, sécrétion), il se produit une suspension plus ou moins complète de la plupart des fonctions cérébrales.

1. Taine, *De l'intelligence*, in-12, 3e édit., p. 84, tome I.

Un animal endormi se rapproche à des degrés divers, selon l'intensité de son sommeil, de l'animal privé de cerveau, c'est-à-dire que les actions volontaires et conscientes s'éteignent peu à peu pour laisser la place aux actions réflexes. Cet animal digère, sécrète, son sang circule, mais il ne peut plus agir volontairement.

Les physiologistes ont beaucoup discuté et discutent encore, il faut en convenir, la cause prochaine du sommeil. Les anciens auteurs, Albert de Haller entre autres, admettaient que cet état de repos était un effet direct de la fatigue qui provoquait elle-même une hyperémie cérébrale, c'est-à-dire un afflux plus considérable du sang vers le cerveau. — « Sitôt, disait Cabanis au commencement du siècle, que cet état (le sommeil) commence à se préparer dans le cerveau, le sang, par une loi qui dirige constamment son cours, s'y porte en plus grande abondance [1].

Pour ces physiologistes, le sommeil serait donc dû à une compression de la matière cérébrale produite par une plus grande abondance dans son sein de liquide nourricier. — Il est certain qu'une pareille compression entraverait le fonctionnement du cerveau; mais, avant de spéculer sur cette explication, il faudrait en démontrer la réalité, c'est-

1. Cabanis, *Rapport du physique et du moral chez l'homme*, t. II, p. 529. Paris, an X, 1802.

à-dire prouver expérimentalement que le cerveau reçoit plus de sang pendant le sommeil que pendant la veille. Or, les chercheurs qui ont travaillé dans cette voie sont précisément arrivés à des résultats inverses. — Un expérimentateur anglais, Durham, a publié en 1860 les résultats de recherches démontrant que pendant le sommeil il se produit une anémie cérébrale [1].

Prenons, en suivant son exemple, un animal, un chien ou un lapin, auquel nous aurons enlevé une portion de la boîte crânienne, de manière à voir une portion plus ou moins grande de la surface de son cerveau. Nous constaterons, après cicatrisation de la plaie, qu'à l'état de veille cette surface est rutilante, les artères cérébrales sont injectées de sang, tandis qu'à mesure que l'animal s'endort ces artères se rétrécissent et le cerveau pâlit. Il est bien évident que pendant le sommeil le sang appelé vers d'autres organes s'en est partiellement retiré. — Plusieurs savants, Claude Bernard en particulier, ont vérifié la véracité de ce fait qui concorde du reste, comme nous le verrons bientôt, avec ce qui se passe dans l'action des anesthésiques.

Toutefois il faut avouer que les conditions expérimentales dans lesquelles nous venons de nous

1. Durham, *The physiology of Sleep*, in *Guy's Hospital Reports*, 1860.

placer sont difficiles à harmoniser avec un état de parfaite intégrité de l'animal qui y est soumis, et un certain nombre de physiologistes ont émis l'opinion que la pâleur constatée n'est pas naturelle, mais qu'elle est la conséquence d'un état pathologique résultant de l'opération. Pour eux, l'anémie pendant le sommeil n'est pas plus que l'hyperémie suffisamment démontrée.

Un éminent professeur de l'Université de Jéna, Preyer, est l'auteur d'une théorie physiologique du sommeil dont nous devons dire quelques mots, car, dans la question qui nous occupe, l'opinion d'un physiologiste a de beaucoup la plus grande valeur. Il est regrettable que jusqu'ici elle ait été surtout tranchée par des psychologues.

Le point de départ de M. Preyer consiste dans l'hypothèse, appuyée du reste sur un grand nombre de faits positifs, que l'activité cérébrale est une sorte de respiration, tandis que le repos du cerveau pendant le sommeil serait une asphyxie de cet organe. Expliquons-nous. — Il est certain que tout travail du cerveau, tout acte psychique quelconque, toute pensée, nécessite une certaine consommation par la substance nerveuse de gaz oxygène, le gaz respiratoire par excellence. — A l'état de veille, cet oxygène est fourni au cerveau par le sang. Si le sang vient à manquer, les modes d'activité qui constituent ce que nous appelons la conscience, l'attention, la volonté, la pensée, s'éteignent. On peut s'en assurer en comprimant jusqu'à un certain degré les carotides; cette compression plonge momentanément dans un état analogue au sommeil, qui peut même facilement être dépassé et conduire en pleine syncope.

Il va sans dire que, si l'anémie cérébrale pendant le sommeil était absolument démontrée, il en résulterait par contre-coup une moindre oxygénation du cerveau qui expliquerait le phénomène; mais M. Preyer n'admet pas l'anémie; c'est la raison pour laquelle il cherche ailleurs la cause de la diminution de l'oxygène, et il la trouve dans un emploi différent de l'oxygène du sang pendant le sommeil que pendant la veille.

On sait que, pendant la veille, les fibres musculaires qui exécutent nos mouvements, et probablement aussi les cellules cérébrales qui les ordonnent, produisent — c'est la conséquence même de leur activité — des substances facilement oxydables, parmi lesquelles je me contenterai de citer, afin de ne pas entrer dans des détails chimiques qui ne nous intéressent qu'indirectement, l'acide lactique [1]. — On a même attribué à l'action de cet acide organique la sensation de fatigue que nous

1. Pour les muscles, la chose est indiscutable; elle a été mise en évidence par un grand nombre de chercheurs. Le muscle fabrique et accumule dans son tissu de l'acide lactique, de la créatine, etc., pendant son activité. Cela est moins certain pour la substance nerveuse.

éprouvons après avoir fait longtemps travailler l'un de nos membres.

Or voici, d'après M. Preyer, ce qui aurait lieu lorsqu'après le travail quotidien nous entrons en repos. Les substances auxquelles nous venons de faire allusion, et qu'il propose de nommer substances *ponogènes* (engendrant la fatigue), étant accumulées dans nos tissus, se décomposeraient peu à peu en empruntant de l'oxygène au sang; elles détourneraient de cette manière une quantité plus ou moins considérable de ce gaz du cerveau, dont les éléments, privés de cet aliment indispensable à leur activité, entreraient dans un repos relatif. Ces substances seraient par conséquent la cause physique du sommeil, et celui-ci serait d'autant plus long et plus intense que la quantité qui en aurait été accumulée pendant la veille serait plus considérable.

M. Preyer a cherché à confirmer sa théorie en injectant directement dans le sang de différents animaux de l'acide lactique à différentes doses, et il a réussi par ce procédé à provoquer chez eux de la lassitude, des bâillements; il a vu leurs mouvements respiratoires devenir moins fréquents, plus profonds; puis peu à peu ces animaux sont tombés dans un sommeil qui ne pouvait pas se distinguer du sommeil naturel.

Mais M. Preyer a fait davantage. Il s'est soumis

lui-même à l'expérience, il a avalé une certaine quantité de lactate de soude, à la suite de quoi il a éprouvé d'une façon indubitable non seulement une sensation très prononcée de fatigue, mais aussi une envie irrésistible de dormir. Malheureusement, de l'aveu même de l'auteur, les résultats ne sont pas toujours constants, nous avons pu nous en convaincre nous-même, et de nouvelles expériences sont nécessaires pour démontrer les causes d'irrégularité [1].

Un savant russe habitant Genève, M. Serguéyeff, qui s'occupe depuis de longues années de la question du sommeil, a essayé, dans une communication présentée au Congrès international de médecine tenu à Genève en 1877 et dans un exposé sommaire publié peu après [2], de concilier les deux théories opposées de l'anémie et de l'hyperémie cérébrale pendant le sommeil, en admettant que le sang se distribue dans le cerveau de l'animal endormi d'une manière différente que pendant la veille, c'est-à-dire qu'il serait bien en quantité moindre à la surface, ce qui expliquerait la pâleur constatée par Durham, mais que sa quantité augmenterait à l'intérieur. Le sommeil serait produit, selon lui, par les rapports de l'animal avec l'élé-

1. Preyer, *Les causes du sommeil*, in *Revue scientifique*, t. XIX.
2. Serge Serguéyeff, *Physiologie générale du sommeil*. Exposé sommaire et conclusions générales. Genève, 1877, br. in-8.

ment impondérable, universellement répandu, que les physiciens ont baptisé du nom d'éther, et par les modalités duquel ils expliquent les phénomènes physiques de la chaleur, de la lumière, de l'électricité, etc. Mais jusqu'ici M. Serguéyeff n'a pas publié les observations et les expériences sur lesquelles il appuie son ingénieuse hypothèse[1].

A. Mosso, professeur de physiologie à l'Université de Turin, a eu l'occasion de faire des observations directes à l'hôpital de cette ville sur des malades dont le cerveau avait été découvert sur une certaine superficie, et, afin d'éloigner toute cause d'erreur, il a eu recours à la méthode graphique, aux appareils de M. Marey, et en particulier à un ingénieux appareil que nous ne pouvons pas décrire ici et qu'il a nommé hydro-sphygmographe. Il a constaté de cette manière que le volume du cerveau diminue en passant de l'état de veille à l'état de sommeil, mais que, si dans ce dernier état on vient à produire une impression externe quelconque, aussitôt le volume cérébral augmente de nouveau. Il a mis en évidence que tout travail intellectuel est normalement accompagné d'une diminution du volume dans les membres, le bras par exemple, et qu'au contraire, lors-

1. On trouvera une analyse des idées de M. Serguéyeff dans un article de Ernest Naville, *La question du sommeil* (*Revue scientifique*, t. XXII, 20 juillet 1878). Voyez aussi Delbœuf, *Le sommeil et les rêves* (*Revue philosophique*, 1879).

que l'activité cérébrale diminue, le volume des organes périphériques augmente. Le sommeil est toujours accompagné d'une dilatation des vaisseaux dans les extrémités du corps et en particulier dans l'avant-bras, où cette dilatation a été mesurée au moyen de l'appareil enregistreur. Toute excitation provenant de l'extérieur produit une contraction des vaisseaux de l'avant-bras du sujet endormi et une augmentation de la pression sanguine qui envoie aussitôt un plus grand afflux de sang dans le cerveau. On peut suivre de cette manière les fluctuations de l'activité cérébrale. Une voix, une rumeur, un léger attouchement, un rayon de lumière tombant sur la paupière fermée, sont perçus par un dormeur, ce qui est traduit aussitôt par la modification de la circulation dans le cerveau et ce qui prouve bien que ce dernier dans le sommeil n'est jamais complètement endormi. — Ces sensations sont pour la plupart inconscientes, le sujet éveillé subitement n'en a aucun souvenir; mais elles deviennent aussi parfois l'origine première de songes plus ou moins compliqués qui laissent des traces dans la mémoire. Sans nous étendre sur les résultats très intéressants obtenus par Mosso, grâce à son ingénieuse méthode, nous devons en retenir ce fait important que le cerveau reçoit moins de sang pendant le sommeil que durant la veille, et qu'alors même que la conscience et la volonté sont endormies le cerveau n'est pas absolument inactif [1].

En somme et d'une manière générale, on peut dire que le sommeil est provoqué par un état de nutrition imparfaite du cerveau. En diminuant la quantité des éléments essentiels du sang qui se rend dans un temps donné au cerveau, on diminue du même coup l'activité de ce dernier. Lorsqu'une irritation quelconque appelle le sang vers un autre organe, il en résulte une sorte de paresse cérébrale. C'est ainsi, pour en citer un exemple vulgaire, qu'après un bon repas, lorsque la digestion commence et que le sang se porte en plus grande abondance vers l'estomac, nous sommes pris d'une sorte de somnolence, d'une envie de dormir que nous ne réussissons pas toujours à vaincre et qui nous conduit à faire la *sieste*.

Le sommeil se manifeste par une lassitude de tous les organes de la vie animale, une fatigue de tous les sens; nous avons peine à maintenir la position verticale; une pesanteur de la paupière supérieure nous oblige à fermer les yeux. La respiration, qui dans la veille est principalement diaphragmatique, devient presque exclusivement thoracique. Le cœur ralentit son énergie et la fréquence de ses pulsations, les vaisseaux périphériques se

1. A. Mosso, *Sulla circolazione del sangue nell cervello dell' uomo*, Roma, 1880, chap. IV, V et VI.

relâchent, la pression du sang diminue et le corps se refroidit sensiblement (Mosso). En même temps certaines facultés intellectuelles, l'attention, la volonté, s'alourdissent, nous devenons inaptes à penser, à sentir, et nous éprouvons une sorte de volupté à céder à cet entraînement de notre organisme vers le repos, une souffrance au contraire à lui résister.

Nos sens s'éteignent successivement; la vue, le goût et l'odorat sont déjà endormis, alors que l'ouïe et le toucher veillent encore et paraissent même pendant quelques instants plus sensibles qu'à l'ordinaire. C'est alors que les moindres bruits sont perçus, que les moindres rugosités de nos draps de lit nous tiennent en éveil. Observez un homme qui s'endort, il se tourne et se retourne dans sa couche tant que la moindre sensation tactile ou auditive, le bruit d'une horloge auquel il n'est pas habitué, le contact de draps neufs, etc., le tiennent en éveil.

L'obscurité, le silence — ou du moins l'absence de bruits insolites — sont donc favorables, comme chacun le sait, à la production du sommeil.

Concurremment à l'affaissement des sens, le cerveau lui-même s'endort. Les facultés *coordinatrices*, comme les appelle le Dr Chambart dans un excellent travail sur le somnambulisme, l'attention, le jugement, la volonté, disparaissent, alors que les facultés *imaginatives*, l'imagination, la mémoire, mais une mémoire déjà désordonnée et incomplète, sont encore en jeu. C'est alors que commence un état de demi-sommeil, de demi-conscience, de demi-évanouissement de notre intelligence qui a été distingué et bien étudié par d'éminents observateurs (Moreau, Maury, etc.) sous le nom d'*état hypmagogique*. « Alors, dit le Dr Chambart, les centres sensoriels peuvent entrer spontanément en activité : des profondeurs de la mémoire surgissent d'anciens souvenirs depuis longtemps disparus ; des idées bizarres, des conceptions singulières, souvent ingénieuses et profondes, surgissent tout à coup ; elles se suivent, s'enchaînent sans liaison logique en apparence, et semblables à des brillants météores, traversant le champ de l'intellect, disparaissent sans laisser de traces. Le moi assiste en spectateur à ce feu d'artifice, à cette explosion soudaine d'idées et d'images qui, malgré leur valeur individuelle, ne peuvent lui être d'aucune utilité, car il ne peut ni les arrêter au passage, ni les enchaîner logiquement entre elles, ni les rappeler lorsqu'elles ont disparu [1]... »

C'est comme cela que se manifestent les premiers rêves accompagnés de véritables hallucina-

1. E. Chambart, *Du somnambulisme en général*. Paris, chez O. Doin, p. 1881. 13.

tions, dus à une inégale distribution du sommeil dans les différentes parties du cerveau, qui assaillent les personnes surexcitées par un travail prolongé, par la fièvre ou par telle autre circonstance anormale. Il n'est personne qui, à la suite d'une lecture émouvante, d'une représentation dramatique ou d'un souper trop succulent, n'ait vu en s'endormant des images fantastiques, des physionomies aimables ou repoussantes, ou ne se soit laissé bercer par des sons plus ou moins harmonieux qui n'existent que dans le rêve.

Les hallucinations hypnagogiques doivent être distinguées du véritable rêve qui vient plus tard. Elles ne se montrent ordinairement que dans le premier sommeil ou dans de courts instants d'assoupissement pendant lesquels l'attention se trouve momentanément absente. Maury, qui a très bien décrit ces phénomènes, se cite lui-même à ce propos comme exemple. C'est ainsi qu'un jour en lisant à haute voix il fermait instinctivement les yeux quelques secondes à chaque alinéa. L'interruption était de si courte durée que la personne à laquelle il lisait ne s'en apercevait pas, et cependant dans ces rapides moments il eut à plusieurs reprises des hallucinations, il vit l'image d'un homme vêtu d'une robe brune et coiffé d'un capuchon comme un moine des tableaux de Zurbaran [1].

1. MAURY, *Le sommeil et les rêves*, in-8, Paris, 1861, p. 47.

Dans cet état intermédiaire au profond sommeil, l'ouïe est le plus souvent hallucinée. Je connais une jeune fille adorant la musique qui s'endort régulièrement aux sons des morceaux qu'elle a entendus ou qu'elle a joués elle-même pendant la soirée et qui lui reviennent à l'oreille avec la netteté de la réalité lorsqu'elle est couchée et assoupie.

Lorsque toutes les conditions favorables au sommeil sont remplies, le repos devient plus complet, les facultés imaginatives s'évanouissent à leur tour, nous dormons tout à fait.

On sait par des expériences directes que l'intensité du sommeil mesurée par l'intensité des bruits nécessaires pour réveiller le dormeur augmente rapidement pendant la première heure, puis décroît peu à peu jusqu'au moment du réveil.

Quant à sa durée, le sommeil varie infiniment selon l'âge, le tempérament, l'état de santé ou de maladie, les habitudes, et il est impossible de tracer des règles à cet égard. Le nouveau-né dort presque continuellement; nous pouvons considérer la naissance comme le premier réveil du long état de sommeil intra-utérin. L'adulte consacre en moyenne au sommeil le tiers de son existence. Le vieillard dort peu. On connaît le dicton populaire : « Jeunesse qui veille, vieillesse qui dort, sont près de la mort. » Les constitutions vigoureuses et sanguines exigent un moins long repos que les constitutions nerveuses et lymphatiques. Les femmes dorment ordinairement un peu plus que les hommes. — Il n'est pas bon de trop dormir; chacun sait que les grands dormeurs sont sujets à la pléthore; mais d'autre part la privation de sommeil ne peut pas être de longue durée. Trois jeunes gens très robustes avaient convenu d'un enjeu en faveur de celui d'entre eux qui se passerait de dormir pendant une semaine. Ils se procurèrent dans ce but toutes les distractions imaginables, firent abus des excitants les plus réputés. Le quatrième jour, l'un d'eux s'endormit subitement en descendant d'un engin de gymnastique, le second s'endormit dans des conditions analogues durant le cinquième jour, enfin le dernier mourut épuisé au commencement du septième jour pendant une course à cheval. — Si l'on connaît des personnes ne dormant que deux ou trois heures par nuit, il en est d'autres qui sommeillent régulièrement pendant douze ou quatorze heures, et je ne fais allusion pour le moment à aucun des singuliers cas du sommeil pathologique.

On a beaucoup discuté la question de savoir si nous pouvions dormir sans rêver ou en d'autres termes si le cerveau pouvait atteindre à un repos fonctionnel absolu pendant le sommeil. — Nous pouvons parfaitement rêver sans en garder le souvenir. Combien de fois n'entend-on pas des dormeurs tenir de grands discours, gesticuler, etc., preuve manifeste d'un rêve intense, et qui cependant ne se rappellent rien à leur réveil. Le cerveau n'est jamais absolument endormi, puisqu'à toute heure du sommeil il peut être réveillé par les perceptions qu'il demeure toujours apte à recevoir. Nous possédons du reste sur ce point, grâce aux travaux de Bruns, Salathe, Mosso, des observations directes. Le dernier de ces savants en particulier a pu, comme nous l'avons dit, placer sur le cerveau, mis à nu par l'enlèvement accidentel d'une portion du crâne, de certains individus des appareils enregistreurs qui, par un dispositif spécial, venaient écrire les modifications du cerveau pendant le sommeil de ces malades et il a recueilli de cette manière les indications que nous savons; lorsqu'on parle au sujet endormi, les modifications des courbes tracées par l'aiguille de l'appareil enregistreur indiquent que le cerveau a perçu la voix, quoique celle-ci ait été bien insuffisante pour éveiller le dormeur. — Dans ces circonstances, le volume du cerveau augmente. Du reste, dans la même série de recherches, Mosso a démontré que toute impression portée à la périphérie du corps diminue la quantité du sang dans la région touchée et par contre-coup augmente celle du cerveau. Nous avons vu que les constatations du même observateur, indiquant un affaissement du cerveau au moment où l'on s'endort et une expansion de cet organe au moment du réveil, viennent confirmer la théorie de son anémie relative pendant le sommeil.

Le cerveau conservant toujours par conséquent la propriété de s'éveiller à des degrés divers à la suite d'impressions externes ou internes, il reprend ou continue son activité pendant le sommeil. C'est de cette activité imparfaite que résultent les *rêves*. Ceux-ci ne sont dits spontanés que lorsque la cause provocatrice est interne et dissimulée par conséquent à notre observation. — S'il est vrai, comme nous l'avons dit, qu'un ébranlement intérieur, soit des centres sensoriels, soit des cellules où s'élabore la pensée, peut provoquer à l'état de veille des sensations conscientes n'ayant aucune réalité extérieure, il est clair que le même phénomène pourra se produire pendant le sommeil. Si ces sensations et les pensées qu'elles suscitent coïncident par le fait du hasard avec des événements qui se produisent le lendemain ou les jours suivants, nous disons que notre rêve nous en a donné le pressentiment. Il est certain que, parmi la masse de ces pensées embryonnaires et incohérentes qui se fabriquent pendant la nuit dans notre cerveau, il s'en trouve quelques-unes qui sont plus ou moins réalisées plus tard. Ce sont là d'heureuses coïncidences, toujours remarquées, et exploitées par certaines personnes au profit d'un mysticisme malsain. Il paraît banal de réfuter aujourd'hui, dans notre siècle de lumière, l'opinion ancienne qui veut voir dans chacun de nos rêves l'annonce mystérieuse des événements futurs, et la croyance à l'existence, dans l'ombre de la nuit, d'esprits bienfaisants qui protègent notre sommeil et l'agrémentent par une action directe sur notre âme de visions charmantes ou de pressentiments divers. Mais il existe encore bon nombre d'individus qui vivent dans ces croyances et qui se livrent à la recherche de la plus exacte explication des songes. Entre ceux-ci et les somnambules clairvoyantes, il n'y a qu'un pas. Sans doute, l'activité automatique du cerveau pendant le sommeil peut se produire parfois d'une manière suffisamment régulière pour donner naissance dans cet état à quelques idées saines dont on pourra tirer profit. Les exemples n'en sont pas rares. Nombre de personnes ont résolu des problèmes, soulevé des difficultés, pendant la nuit. Il pourra même se faire, lorsque nous nous endormons après avoir longtemps concentré notre pensée sur un même objet, que, par l'élan reçu pendant la veille, nos cellules cérébrales continuent partiellement à agir pendant le sommeil et, achevant notre travail comme à notre insu, nous conduisent à de véritables découvertes. — Une personne de ma connaissance qui avait tenté sans succès un peu de toutes les carrières eut l'idée en rêve d'essayer un nouveau mode de fabrication du vinaigre dont les éléments lui parurent devoir être avantageux. — Le lendemain, elle établit une fabrique nouvelle, et, comme par la suite elle y gagna beaucoup d'argent, — ce qui ne lui était jamais arrivé jusqu'alors, — elle attribua naturellement son rêve non pas au désir ardent qui la poussait constamment dans cette voie, mais à un esprit bienveillant qui avait eu enfin pitié de sa détresse. — Chacun connaît, dans le même ordre de faits, le cas de Voltaire, modifiant avec bonheur pendant son sommeil le premier chant de la *Henriade*, et une foule d'exemples de cette nature qui sont la preuve indéniable que toute activité intellectuelle n'est pas éteinte pendant que nous dormons.

Si, pendant la veille, notre volonté peut, comme nous l'avons dit, faire réapparaître, dans une sorte d'hallucination voulue, des sensations, des images qui nous ont frappés antérieurement, de pareils retours se présentent souvent spontanément dans nos rêves. C'est comme un réveil subit de sensations anciennes, endormies depuis longtemps dans notre mémoire. Nous voyons dans nos rêves des personnages que nous avons connus, morts depuis longtemps et depuis longtemps oubliés, qui ressuscitent et se montrent à nous comme des visions d'un autre monde. C'est comme telles naturellement que les interprètent les personnes sans jugement ou de faible raison.

Parmi les causes physiques internes du rêve que l'observateur ne peut pas toujours apprécier, nous devons mentionner, comme très fréquentes, les douleurs, quel que soit leur siège et quelle que soit leur nature. C'est ainsi qu'un grand naturaliste, Conrad Gessner, rêva qu'il était mordu par un serpent au côté gauche de la poitrine; cinq jours après il mourait d'un anthrax qui l'avait atteint au même point du corps. Il va sans dire que dans son cerveau à moitié endormi l'idée de serpent avait été suscitée par la sensation douloureuse de l'anthrax commençant. Dans un intéressant article sur l'hallucination, M. Ball (*Revue scientifique*, 1er mai 1880) raconte un de ses propres rêves, dû à une cause analogue. « A une époque, dit-il, où, lecteur assidu de récits de voyages et d'aventures, j'avais l'esprit rempli des idées qu'ils évoquent, je rêvais que j'étais embarqué sur un navire dont le capitaine eut une violente discussion avec moi. Nous montons dans un canot pour nous rendre à terre afin de régler notre différend. Nous abordons sur la plage d'une île déserte et là nous commençons un duel sans témoins. Je tire sur mon adversaire, et je le manque. Il me répond, et la balle de son pistolet vient me frapper au côté gauche du front. Étonné de n'être pas mort, je tire de nouveau sur lui et je le manque encore une fois. Il riposte, et je reçois encore une balle au même endroit. Le duel continue, et, après avoir reçu sept ou huit coups de feu toujours à la même place, je m'éveille avec une névralgie violente du nerf sus-orbitaire, dont le siège correspondait exactement à celui de ma blessure imaginaire, tandis que les intervalles qui séparaient chaque élancement douloureux correspondaient très exactement à l'espace qui séparait les coups de feu. »

Nous savons d'autre part que ces rêves insupportables, atroces de réalité douloureuse, dans lesquels nous éprouvons une sensation de charge sur le ventre, comme si l'on nous écrasait lentement, ou dans lesquels nous tombons dans une série de précipices qui se renouvellent toujours, les *cauchemars* en un mot, sont provoqués par une digestion difficile ou une position pénible de notre corps.

Enfin nous avons dit que la cause d'un très grand nombre de rêves se trouve dans les impressions externes qui frappent le dormeur, impressions qu'un témoin peut observer, peut produire expérimentalement. Nous savons que l'homme endormi se rapproche de celui qui serait privé de cerveau, c'est-à-dire que la plupart de ses mouvements sont involontaires et inconscients; nous pouvons ajouter que ces mouvements réflexes qui, on s'en souvient, ont leur point de départ dans la moelle épinière, sont rendus plus faciles et plus fréquents par une augmentation du pouvoir excito-moteur de cette dernière pendant le sommeil.

Piquez un dormeur au bout d'un doigt, il retirera immédiatement ce doigt; approchez de lui un corps chaud, il s'en détournera; sonnez à son oreille, il se déplacera. Si tous ces mouvements sont purement réflexes, il n'en est pas moins vrai que les sensations qui les provoquent s'en vont impressionner les cellules cérébrales, lorsqu'elles atteignent un certain degré d'intensité et qu'elles y éveillent des pensées. Seulement, comme ces pensées ne sont pas présidées par le jugement, elles ne présentent ordinairement que peu de liaisons entre elles; de là le côté bizarre de nos rêves. En outre, elles ne sont pas toujours suffisamment nettes et frappantes pour impressionner notre mémoire.

C'est ainsi que, si l'on place un morceau de sucre entre les lèvres d'un dormeur, on le voit allonger la langue, exécuter des mouvements de succion, et sa physionomie prend l'expression d'un vrai contentement gastronomique, tout en faisant les grimaces les plus comiques. Si on le réveille subitement alors que le grain de sucre a entièrement fondu, il regrette le rêve qui s'envole, et il raconte qu'il était en train de terminer un savoureux repas, couronné par les desserts les plus doux et les plus succulents.

Un coup sec frappé à l'oreille lui donne l'impression vague d'un coup de pistolet qui lui fait bâtir en quelques secondes un rêve parfois très compliqué. — J'ai recueilli à ce propos un assez grand nombre d'observations sur des amis endormis ; elles viennent s'ajouter à celles que nous ont fournies P. Prévost de Genève et Alf. Maury. — Ce dernier auteur se soumit lui-même à des expériences de cette nature ; on lui fit passer plusieurs fois de suite par exemple devant ses yeux endormis une lumière entourée d'un papier rouge, il rêva d'orage, d'éclairs, et tout le souvenir d'une violente tempête qu'il avait éprouvée sur la Manche, en allant de Morlaix au Havre, défraya son songe. — Une autre fois, on lui chatouilla avec une plume successivement les lèvres et l'extrémité du nez ; il rêva qu'on le soumettait à un horrible supplice, qu'un masque de poix lui était appliqué sur la figure, puis qu'on l'avait ensuite arraché brusquement, ce qui lui avait déchiré la peau des lèvres, le nez et le visage [1]. — Je pour-

1. Maury, *loc. cit.*, p. 126 et 128.

rais multiplier de pareils exemples qui prouvent que l'essence du rêve est une sensation. Les idées que provoque cette sensation en réveillent d'autres, et, par suite de cette singulière association d'idées, les rêves atteignent souvent une très grande complexité. Ce qu'il est important de noter, c'est que ces rêves peuvent être provoqués, car c'est une voie ouverte à l'introduction de l'expérimentation dans l'étude de ces phénomèmes, qui ont si longtemps passé pour mystérieux. Carl Vogt raconte, dans ses *Lettres physiologiques*, un bien joli rêve produit aussi par une impression périphérique. « Je sais par ma propre expérience, dit-il, que je rêvais beaucoup quand j'étais encore gamin et que je lisais en buvant de la bière beaucoup plus de romans de chevalerie qu'il ne le fallait dans l'intérêt de mon instruction scolaire et de ma santé. Je rêvais beaucoup de batailles et de combats, d'attaques courageuses et de retraites savamment combinées, et à la fin du rêve je restais ordinairement seul en vie; puis je me retirais dans une maison isolée, et j'allais me coucher au fond d'un lit d'où je ne sortais plus. J'échappais souvent de cette manière, mais quelquefois l'ennemi me découvrait et me massacrait. Je sentais le poignard dans la blessure, je sentais le sang couler sur mon corps, et quand je me réveillais mon lit était mouillé..... Il est indubitable que l'excès de boisson avait irrité le col de la vessie et que le cerveau dormant avait fait de ce besoin d'uriner un roman qui se terminait ordinairement par une correction [1]. »

Le sommeil étant le plus intense dans les premières heures, des rêves tels que ceux dont nous venons de parler se présentent ordinairement plus tard, ils sont précédés par ceux qui sont la suite de l'activité cérébrale à l'état de veille et sont composés de scènes appartenant aux préoccupations des derniers moments de la journée.

Quant à leur durée, les rêves varient beaucoup. J'ai eu l'occasion d'observer une personne qui, parlant à haute voix pendant son sommeil, traduisait dans un langage plus ou moins compréhensible les rêves qui hantaient son cerveau. Or il m'est arrivé de la suivre pendant plusieurs heures de suite (jusqu'à cinq) et de me convaincre par les caractères de son agitation qu'elle était concomitante à un même rêve longtemps continué, ce que le sujet me confirma du reste à son réveil. Il lui est arrivé de s'éveiller complètement au beau milieu d'un rêve, de reprendre son jugement d'une manière suffisante pour avoir la pleine conscience qu'elle venait de couper court à un rêve angoissant, puis après quelques minutes de se rendormir et de continuer le rêve interrompu. La

1. C. Vogt, *Lettres physiologiques*, p. 354.

même personne rêva trois nuits successives le même rêve, qui, malgré les interruptions de deux journées, suivit une évolution progressive et se termina avec une certaine logique.

Mais des exemples comme celui-ci sont extrêmement rares et exceptionnels. Dans la règle, les rêves sont de courte durée, alors même que l'abondance des éléments qui les composent les rendent très compliqués ; ils peuvent même être instantanés. Maury en cite un très remarquable exemple. « Un fait, dit-il, qui établit à mes yeux qu'il suffit d'un instant pour faire un rêve étendu est le suivant : J'étais un peu indisposé et me trouvais couché dans ma chambre, ayant ma mère à mon chevet. Je rêve de la Terreur, j'assiste à des scènes de massacre, je comparais devant le tribunal révolutionnaire, je vois Robespierre, Marat, Fouquier-Tinville, toutes les plus vilaines figures de cette époque terrible, je discute avec eux ; enfin, après bien des événements que je ne me rappelle qu'imparfaitement, je suis jugé, condamné à mort, conduit en charrette au milieu d'un concours immense sur la place de la Révolution, je monte sur l'échafaud, l'exécuteur me lie sur la planche fatale, il la fait basculer, le couperet tombe ; je sens ma tête se séparer de mon tronc ; je m'éveille en proie à la plus vive angoisse, et je me sens sur le cou la flèche de mon lit qui s'était subitement détachée et était tombée sur mes vertèbres cervicales, à la façon du couteau d'une guillotine. Cela avait eu lieu à l'instant, ainsi que ma mère me le confirma, et cependant c'était cette sensation externe que j'avais prise pour point de départ d'un rêve où tant de faits s'étaient succédé. Au moment où j'avais été frappé, le souvenir de la redoutable machine, dont la flèche de mon lit représentait si bien l'effet, avait éveillé toutes les images d'une époque dont la guillotine a été le symbole. »

Nous devons retenir de tout ce que nous venons d'exposer brièvement que cet état de moindre activité cérébrale qui constitue le sommeil est extrêmement favorable à la production d'images n'ayant pas de réalité extérieure, mais que nous avons tendance à extérioriser et à considérer comme réelles. Certains rêves nous frappent à un si haut degré que nous en conservons les éléments parmi nos souvenirs les plus tenaces. Nous ne devons pas trop nous étonner par conséquent, si l'on rencontre encore des individus faibles d'esprit, qui interprètent à l'avantage de doctrines surannées cette activité cérébrale nocturne dont ils souffrent souvent à un haut degré eux-mêmes. La connaissance de ces faits nous permettra d'aborder l'étude du somnambulisme et de l'envisager à un point de vue réellement scientifique. Car, remarquons-le tout de suite, du sommeil normal au sommeil somnambulique et des pressentiments par les rêves aux prévisions des somnambules, il n'y a qu'un degré à franchir, degré qui est loin d'être un abîme, comme on l'a prétendu, mais dont nous possédons un grand nombre de termes de passage. Il est vrai qu'en passant des formes du sommeil chez l'homme à l'état de santé, à celles du sommeil chez des individus souffrant d'un affaissement du système nerveux, d'une dépression cérébrale, nous entrons dans un domaine plus mystérieux, parce qu'il est beaucoup moins bien connu. — Mais la science doit absolument s'en occuper, afin d'en faire disparaître les obscurités encore si nombreuses et d'empêcher par contre-coup les odieuses spéculations que l'on a basées sur l'observation imparfaite de pauvres malades.

Dans le passage de l'état de sommeil à l'état de veille, c'est-à-dire au réveil, nous repassons brièvement, nous récapitulons en sens inverse les différentes phases que nous avons mentionnées à propos de l'entrée dans le sommeil. Les fonctions cérébrales endormies reprennent peu à peu et successivement. La conscience revient vague et indécise, puis la mémoire, le jugement, la volonté. Cette dernière est lente à revenir, et nous savons tous par expérience combien il est pénible au matin, alors que nous nous frottons les yeux tout en

nerveux et en particulier sur le cerveau, où il endort par une action directe, comme nous venons de le dire, la volonté et la sensibilité consciente. Le sujet gesticule, murmure; ses fonctions animales continuent à s'effectuer, mais il ne conserve le souvenir d'aucun des actes commis pendant le sommeil. Si l'on examine directement, comme l'a fait Claude Bernard, le cerveau mis à nu d'un animal pareillement anesthésié, on voit d'abord sa surface rougir; le cerveau se gonfle et fait hernie par l'orifice crânien; « mais bientôt les phénomènes changent, la hernie rentre dans la boîte crânienne, le cerveau reprend son volume normal, sa teinte diminue progressivement et en très peu de temps, il devient sensiblement plus pâle qu'à l'état ordinaire, avant l'expérience [1]. »

La rougeur première et l'augmentation du volume du cerveau sont l'indice évident d'un afflux plus considérable du sang dans cet organe, hyperémie qui correspond à la période d'agitation qui se manifeste toujours dans la chloroformisation. La pâleur qui lui succède est l'indice au contraire du retrait du sang, d'une anémie, qui produit le sommeil et l'anesthésie.

Cette seconde période ne rappelle-t-elle pas les faits observés par Durham sur l'état du cerveau

1. Claude Bernard, *Leçons sur les anesthésiques*, Paris, 1875, p. 121.

chez l'animal endormi et ne vient-elle pas les confirmer?

Ce que nous venons de dire de l'action du chloroforme peut en général s'appliquer aux autres anesthésiques. L'opium, le narcotique par excellence, plonge comme chacun le sait, lorsqu'on le prend à faible dose, dans une délicieuse somnolence, dans une sorte de sommeil incomplet qui est aussi ordinairement précédé d'une période d'excitation cérébrale, de vertiges, d'étourdissements, de délire accompagné d'hallucinations qui sont d'un attrait irrésistible pour les malheureux qui sont adonnés à son usage.

Il en est de même du ***haschich***, composition usitée en Orient et obtenue par la distillation des graines de chanvre indien (*Cannabis indica*), dont l'action a été magistralement étudiée par J. Moreau (de Tours). Cette substance plonge dans une sorte de délire somnambulique, dans lequel on ressent un vif bonheur et qui est accompagné d'hallucinations extrêmement vives. — Ces hallucinations ont été constatées par un grand nombre d'auteurs; selon Brierre de Boismont elles sont caractérisées par ce fait qu'elles ouvrent à l'imagination des théâtres immenses où se jouent les scènes les plus variées. Sous leur influence, l'esprit semble se débarrasser de son enveloppe terrestre, entrer dans une vie nouvelle. Les souvenirs sont évoqués avec toute leur sensibilité première.

M. Ch. Richet, dans l'intéressant travail que nous avons cité et dans lequel il a eu le mérite de rappeler l'attention sur ces phénomènes, M. Richet rapproche, comme nous venons de le faire, les sensations éprouvées par les personnes soumises au sommeil somnambulique de celles que procurent le haschich et l'opium. « Les sujets influencés par ces deux substances toxiques, dit-il, ont une sorte d'anesthésie générale, ils ne sentent pas leur corps. Il semble que l'esprit soit absolument dégagé et que les impressions sourdes et confuses que, dans notre état de veille, nos organes transmettent au sensorium commun, aient absolument disparu. Telle est du moins l'idée que se faisait de son état une personne fort intelligente, miss C., que j'ai eu l'occasion d'endormir. Elle exprimait cela par un seul mot : Liberté! et se rendait très bien compte de ce qu'elle éprouvait. Plusieurs des malades que j'ai endormies à l'hôpital Beaujon m'assuraient que leurs douleurs avaient disparu. Aussi désiraient-elles rester fort longtemps dans le sommeil, sachant que le réveil à la vie serait en même temps le réveil à la douleur. »

Nous avons dit que le sommeil somnambulique différait du sommeil normal comme il diffère également du sommeil produit par les anesthésiques, par la perte de la mémoire des faits et gestes accomplis dans cet état. Cependant il est certains cas de somnambulisme flagrant, dans lesquels l'amnésie est incomplète et où l'on peut, en faisant usage d'une certaine habileté de questions, mettre le sujet sur la voie du souvenir échappé du rêve ou de l'hallucination.

Les facultés intellectuelles persistent quelquefois à tel point chez les somnambules qu'on les voit reprendre pendant le sommeil des occupations qui leur sont familières à l'état de veille, tellement familières même que l'habitude a réduit les mouvements qu'elles nécessitent à l'état de mouvements réflexes. J'ai connu un étudiant qui, dans l'époque de fièvre qui précède les examens, travaillait avec une grande ardeur, se couchait à une heure avancée de la nuit, s'endormait, puis se relevait et reprenait inconsciemment son travail, lisait, écrivait, retournait se coucher, puis se réveillait complètement, était surpris de trouver son ouvrage plus avancé qu'il ne l'avait quitté la veille, le surplus ayant été ajouté dans un moment de complète inconscience. En pareil cas, une dame tricote, un musicien touche du piano, un journaliste rédige, un mathématicien calcule. L'étudiant dont je viens de parler écrivait avec une parfaite rectitude des formules chimiques pendant son sommeil. Ball et Chambart citent plusieurs cas de cette nature. Un pharmacien déterminait les caractères botaniques des plantes d'après la classification de Linné ou, dérangé pendant la nuit, servait ses clients, préparait ses médicaments et en recevait le prix. Un ecclésiastique rédigeait un sermon et en corrigeait les fautes de style et d'orthographe, etc. L'oubli total des actes accomplis pendant un tel sommeil donne lieu parfois à de singulières méprises de la part des somnambules. Il en est qui se volent eux-mêmes pendant la nuit et en accusent leurs proches à leur réveil, et la médecine légale a souvent à s'occuper de cas semblables.

Je ne puis penser à mentionner ici toutes les variétés extrêmement nombreuses de l'état somnambulique, et je renvoie pour cela le lecteur aux ouvrages spéciaux. Le but que nous poursuivons n'est pas d'écrire un traité de la matière, mais seulement d'indiquer les caractères principaux du sommeil pathologique qui nous permettront de nous rendre compte, sans recourir au merveilleux, des très curieuses manifestations du somnambulisme provoqué.

Il nous faut cependant encore rappeler un cas extrême, une exagération de l'état somnambulique, qui, continué pendant des jours, des semaines et des mois, conduit à une sorte de seconde vie, la vie somnambulique. La science en a enregistré quelques exemples, dont le plus célèbre est celui d'une couturière de Bordeaux, Félida X..., dont nous devons la connaissance et l'étude détaillée à un éminent praticien, le Dr Azam.

Nous savons que dans l'immense majorité des cas le somnambule ne conserve pas le souvenir de ce qui s'est passé pendant l'attaque. Il n'en est pas moins vrai que les cellules cérébrales ont été impressionnées par les actes accomplis et qu'elles en possèdent une sorte de mémoire latente qui se réveille dans le cours d'une nouvelle attaque. Le somnambule qui a perdu, à l'état normal, la conscience de son activité la reprend en rentrant dans l'état somnambulique.

Félida X.... s'est montrée somnambule depuis l'âge de quatorze ans. Des accès d'abord rares n'étaient jamais de longue durée et ne présentaient à l'origine rien de bien alarmant. La malade, il est important de le noter, était extrêmement sensible aux pratiques hypnotiques dont nous reparlerons plus loin. Peu à peu, par une aggravation de son état, ses accès augmentèrent considérablement, à tel point que ce qui avait d'abord été une exception devint la règle et que sa vie actuellement se passe presque entièrement dans la condition somnambulique, la condition seconde, comme l'appelle M. Azam. A mesure qu'elle avance en âge, cet empiètement de sa condition seconde sur la condition normale s'accroît, et en 1880 cette dernière ne comprenait plus qu'un trentième ou un quarantième de son existence.

Pendant ses accès, Félida X... se souvient de toute sa vie normale et de sa vie somnambulique; mais lorsqu'elle passe de ce dernier état dans le premier, c'est-à-dire dans l'intervalle de ses accès, elle perd complètement la mémoire de son activité somnambulique. On comprend qu'un pareil état de chose, une pareille double personnalité donne lieu aux plus graves inconvénients.

Une affection morale, une peur, une perte de connaissance très courte, suffisent pour faire passer Félida X. du premier dans le second état; la cause déterminante de ce changement est même quelquefois tellement faible qu'elle demeure inaperçue pour celui qui n'y est pas très attentif. On comprend combien un pareil sujet serait précieux entre les mains d'un magnétiseur.

C'est ici que nous devons aborder l'étude de la provocation artificielle de l'état somnambulique. Car, de même que par divers procédés on peut produire expérimentalement le sommeil normal, on connaît depuis fort longtemps des méthodes variées pour faire passer un individu prédisposé, un « bon sujet », de l'état normal dans celui de somnambule. Le somnambulisme artificiel, dit Maury, n'est qu'une forme plus développée et spéciale du somnambulisme naturel.

Parmi les méthodes auxquelles nous venons de faire allusion, il en est qui, plus ou moins honnêtement exploitées et expliquées théoriquement par le concours hypothétique d'agents immatériels et mystérieux , ont fait beaucoup parler d'elles.

L'homme scientifique, avant de recourir à supposer l'existence de fluides universels, de puissances merveilleuses, doit se demander si les singuliers phénomènes qu'il s'agit d'expliquer par cette supposition ne peuvent pas l'être par les forces actuellement connues et par les modalités d'une substance aussi complexe que la substance cérébrale. Or, quoiqu'on n'ait pas encore réussi à l'heure qu'il est à expliquer naturellement tous les phénomènes du somnambulisme provoqué, il est indéniable que cette explication est du ressort de la physiologie et que les travaux de ces dernières années nous ont mis sur la bonne voie. — Il est absolument nécessaire de déterminer scientifiquement les conditions d'existence de ces phénomènes, que bon nombre de personnages, travaillant sans méthode, ont fait connaître en les enchevêtrant de la façon la plus obscure. Sans doute la science doit s'en occuper en leur appliquant sa méthode sans restriction et sans fausse modestie; elle doit reconnaître ce qu'il y a de faux et de vrai dans la masse énorme des faits accumulés, étudier ceux qui sont bien constatés, quelle que soit leur invraisemblance, et rejeter ceux qui n'ont jamais existé que dans l'imagination de cerveaux malades ou grâce aux supercheries de véritables imposteurs. La tâche est ingrate, car on a érigé en système les explications données en dehors de la science, on a élevé en particulier la croyance à un ou plusieurs fluides à la hauteur d'une religion, qui compte depuis un siècle un certain nombre d'adeptes aussi enthousiastes qu'ils sont aveugles.

L'état de somnambulisme et des états voisins sont provoqués par les procédés du *magnétisme animal.*

Chacun sait que des pratiques analogues à celles qui sont usitées encore de nos jours par les soi-disant magnétiseurs ont eu une certaine fortune dans les siècles passés ; mais ce n'est qu'à la fin du siècle dernier que ces pratiques furent systématisées et reçurent un semblant d'explication qui fut la cause de leur fortune.

Vers 1770 vivait en Allemagne un médecin, Antoine Mesmer, né à Mersbourg, dans la Souabe, le 29 mai 1733, dont l'intelligence indiscutable présentait deux faces, deux tendances très différentes, l'une idéaliste, qui le portait à des conceptions grandioses sur les mystères de la nature, sur les inconnues de l'univers, qu'il croyait expliquer par une théorie qui sous des apparences scientifiques ne présentait aucune base positive, et l'autre tendance, très réaliste, qui le conduisit à exploiter avec habilité, en commerçant consommé, la puissance mystérieuse qu'il prétendait posséder en lui-même.

Mesmer, qui avait des prétentions de physicien autant que de médecin, admettait, à la façon des alchimistes du moyen âge, l'existence d'un fluide universellement répandu, qui, par les propriétés hypothétiques dont il le douait, lui servait à rendre compte des singuliers phénomènes qu'il a eu le mérite de mettre en relief, quoique dans leurs traits généraux ils fussent déjà connus de médecins antérieurs. — Mais ce fluide, il ne réussit jamais à le mettre en évidence, pas plus d'ailleurs qu'aucun de ses successeurs, et c'est pourquoi il est permis de faire encore maintenant de son existence une question de foi et de la manière de s'en servir une intuition de certains individus.

Selon Mesmer, le fluide en question permet une influence mutuelle et réciproque de tous les corps de la nature, des corps célestes, de la terre et des corps animés qui peuplent cette dernière. C'est précisément cette dernière influence, celle des corps animés les uns sur les autres au moyen du fluide, et son application, selon une méthode qui est propre à Mesmer et qui en réalité a peu varié depuis lui, à la guérison des maladies, qui fut pour Mesmer l'origine de son immense succès à une certaine époque.

Le fluide, en s'insinuant dans la substance des nerfs, agit immédiatement sur les corps vivants.

« Il se manifeste alors particulièrement dans le corps humain des propriétés analogues à celles de l'aimant; on y distingue des pôles également divers et opposés, qui peuvent être communiqués, changés, détruits et renforcés. »

« La propriété du corps animal, dit encore Mesmer, qui le rend susceptible de l'influence des corps célestes et de l'action réciproque de ceux qui l'environnent, manifestée par son analogie avec l'aimant, m'a déterminé à le nommer *magnétisme animal.* »

La santé et la maladie dépendent de la quantité plus ou moins grande de ce fluide répandu dans le corps humain, de telle manière que son application aux personnes qui en manquent peut guérir immédiatement les maladies des nerfs et médiatement les autres.

Après quelques essais de sa méthode faits à Vienne, où il ne paraît pas avoir remporté des succès incontestés, Mesmer vint à Paris en 1778, et il remua le public de la grande ville, le gouvernement, les académies, suscita des polémiques passionnées, fit verser des flots d'encre, frappa l'imagination des foules par le mystère dont il entourait ses opérations et réussit à susciter un nombre assez considérable d'adeptes, qu'il sut exploiter de manière à se faire une grosse fortune.

Je n'ai en aucune façon l'intention de refaire ici l'histoire du magnétisme animal. Elle a été tracée de main de maître par plusieurs savants, Louis Figuier [1], Bersot [2], le toujours regretté directeur de l'École normale, Dr Dechambre [3], l'éminent directeur du grand dictionnaire encyclopédique des sciences médicales, etc. Elle est des plus intéressantes, pour se rendre compte des travers et des insuffisances de l'esprit humain, de sa naïveté, de sa ruse, de son excessive crédulité.

Le magnétisme enseigné par toutes sortes d'individus, les uns parfaitement honnêtes et consciencieux, on doit le reconnaître, les autres au contraire charlatans et exploiteurs, guidés par une vanité folle, par un ardent désir de faire parler d'eux ou par une soif immodérée d'un gain facile, le magnétisme s'est transmis à nous tel, à peu de chose près, qu'il est sorti de l'imagination de son inventeur.

Cette absence de progrès dans la marche du magnétisme est un trait sur lequel il faut insis-

1. Louis Figuier, *Histoire du merveilleux*, 3e volume. Paris, 1860.
2. Bersot, *Mesmer et le magnétisme animal*, in-12. Paris, 1853.
3. Dechambre, article *Mesmérisme* du *Dictionnaire encyclopédique des Sciences médicales*, t. VII de la 2e série.

ter; ne prouve-t-il pas contre l'existence du prétendu fluide? Cela saute aux yeux, si nous le comparons au magnétisme physique, à l'électricité qui eux aussi étaient interprétés comme des fluides à cette époque, qui commençaient à être étudiés et à faire parler d'eux et que nous avons réussi dans l'espace d'un siècle à maîtriser et à utiliser de la manière que chacun sait. Il nous paraît vraisemblable que le fluide animal aurait dû progresser bien davantage, lui qui n'a cessé depuis lors d'exciter la curiosité du monde scientifique et qui, par le merveilleux des effets qu'on lui attribue, appelle l'attention de tous les observateurs.

Je n'ai pas l'intention non plus de discuter les propriétés curatives que l'on a accordées et que quelques personnes accordent encore de nos jours au fameux fluide. Je sais que pour plusieurs c'est là cependant le nœud de la question, la garantie de l'existence du fluide. Malheureusement, n'étant pas médecin, je ne me sens aucune compétence pour aborder ce sujet, et, me plaçant au point de vue du bon sens populaire, j'estime qu'il y a une certaine pudeur à ne pas se mêler de ce que l'on ne connaît pas. Il me paraît évident que l'étude de la science médicale est indispensable pour appliquer rationnellement des remèdes et qu'il faut connaître profondément le corps humain à l'état normal avant d'entreprendre de le guérir de la maladie. — Ceci dit, j'avouerai en toute sincérité que je suis d'une grande crédulité vis-à-vis des faits de guérison obtenus en dehors de la médecine; chaque système extra-scientifique en possède à son avoir.

Le retour d'un malade à l'état de santé s'opère fréquemment par des voies qui nous échappent et en dehors certainement de tout médicament actif. Laisser agir la nature, tout en tranquillisant le malade par l'administration de substances inoffensives que l'on baptise du nom de remèdes, agir sur son moral en le persuadant de sa prompte guérison et l'entourer de soins hygiéniques, cela suffit dans un grand nombre de cas de maladies mal définies, surtout chez les femmes, pour le soulager ou le rétablir complètement. Les médecins, les vrais médecins, ceux qui ont étudié les bases scientifiques de la médecine, n'appliquent pas toujours des remèdes actifs, et un certain nombre des guérisons qu'ils obtiennent ne sont en aucune façon le résultat direct, la conséquence du pouvoir spécifique du médicament administré. Il faut même reconnaître que le nombre des substances agissant à coup sûr dans telle ou telle maladie est très limité.

La médecine a été pendant des siècles beaucoup plus un art, l'art de guérir, qu'une science, et elle procédait d'une manière purement empirique. Mais elle a fait, depuis une cinquantaine d'années, des progrès étonnants, indéniables; elle subit, grâce à l'application de la méthode expérimentale à l'étude de la maladie, une évolution admirable. Le médecin ne se contente plus comme autrefois de constater l'action de telle ou telle drogue dans tel ou tel cas particulier, mais il cherche à se rendre compte du mécanisme physiologique de cette action. — Deux sciences positives, l'anatomie et la physiologie, sont la base solide de cette nouvelle médecine, et l'on sait que la dernière de ces sciences n'est née qu'au commencement de notre siècle. Malgré des efforts immenses et fructueux, elle est encore dans sa période d'enfance, pleine de promesses, il est vrai, pour l'avenir. La thérapeutique se renouvelle par l'étude expérimentale des médicaments, elle progresse évidemment, elle guérit plus qu'elle ne guérissait autrefois.

Mais, quels que soient les efforts des médecins scientifiques, il est certain qu'ils ne guérissent et qu'ils ne guériront pas toujours ; c'est pourquoi il a toujours existé et il existera longtemps encore à côté de la médecine proprement dite, s'inspirant des connaissances positives, une foule de pratiques empiriques vantées et exploitées par l'ignorance et la cupidité, en vue d'obtenir des guérisons merveilleuses. Les individus qui vivent de ces pratiques ont de tout temps joui d'une réputation aussi éclatante que passagère, qui provient de la déplorable habitude du public de ne pas montrer envers ces guérisseurs d'occasion les mêmes exigences qu'envers les médecins. On fait grand bruit autour des succès des magnétiseurs, des matteistes, des homéopathes, des zouaves Jacob, de tous les mèges et de tous les rebouteurs; on les répand partout, on les crie sur les toits; tandis qu'on laisse dans l'ombre avec une étonnante partialité leurs insuccès. Un médecin au contraire guérit-il, on en parle à peine, tant cela paraît naturel; laisse-t-il mourir son malade, on crie au scandale, on lui en impute la faute, et il n'est pas de moqueries suffisantes pour flétrir la médecine.

Le magnétisme, les globules du comte de Mattei aux électricités bleue ou rose, les infusions de foin, les solutions infinitésimales de l'homéopathie, l'eau de Lourdes, l'attouchement des ossements des saints, etc., etc., peuvent frapper avantageusement l'imagination des malades; ils bénéficient des soulagements ou des guérisons spontanées, qui eussent été obtenus sans l'application d'aucun remède; ils ne possèdent pas en tout cas d'action spécifique, et ils sont exploités dans l'immense majorité des cas par des personnes ignorantes qui, tout en se parant du titre de bienfaiteurs de l'humanité, n'aspirent à aucun autre progrès que celui de leur fortune.

Laissons donc de côté la question complexe des guérisons attribuées au fluide de Mesmer, et revenons-en aux effets pour ainsi dire physiques, tangibles, obtenus par les magnétiseurs. — Nous avons déjà fait remarquer que la pratique magnétique ne s'était pas sensiblement modifiée depuis Mesmer; toutefois elle a subi quelques variantes et elle s'est en particulier débarrassée de la pompeuse mise en scène à laquelle avait recours l'inventeur du fluide pour frapper la foule. Il est certain que le public en général aime le merveilleux, réclame le mystère, et plus on l'en entourera, plus on exercera de prestige sur lui; peut-être l'abandon du baquet et de cet outillage aussi inutile que ridicule auquel avait recours Mesmer est-il pour quelque chose dans le discrédit où est tombée sa doctrine même auprès des gens peu instruits!

A l'origine, il suffisait à Mesmer de toucher au front ou de regarder fixement son sujet pour le faire tomber dans un assoupissement accompagné de singuliers troubles dans la motilité et au sortir duquel la personne prétendait bénévolement être sinon guérie, du moins soulagée de son mal. — Mais, une fois établi à Paris, le nombre des malades qui, à bout de ressources médicales, vinrent le consulter, se multiplia à un tel point que Mesmer ne put plus penser les traiter les uns à la suite des autres et qu'il imagina le procédé fameux dit du baquet. Nous laisserons pour le décrire la parole à M. le Dr Dechambre :

« Dans une grande salle, close de toutes parts, qu'éclaire faiblement une lumière tamisée par d'épais rideaux, et où les assistants sont tenus au silence, se trouve une caisse circulaire de bois de chêne, munie d'un couvercle percé de trous et ayant six pieds de diamètre et un pied et demi de hauteur. Qu'y avait-il dans ce baquet? « Des bouteilles arrangées d'une façon particulière, » dit de Puységur. Cette disposition était radiée; un premier lit de bouteilles était rangé les goulots au centre et le fond à la circonférence, et un second lit dans un ordre opposé, le fond au centre. Ces bouteilles, recouvertes d'eau et en contenant elles-mêmes, reposaient sur un mélange de verre pilé et de limaille de fer. Par les trous du couvercle sortaient des tiges de fer dont l'extrémité intérieure plongeait dans le liquide et dont l'autre, coudée, mobile et terminée en pointe, s'appliquait au corps des malades. Certaines tiges étaient assez longues pour pouvoir atteindre au second ou au troisième rang des malades assis autour de la cuve et reliés entre eux par une corde partant du baquet. Quelquefois la corde n'allait pas au delà du premier rang d'adeptes, ceux du second rang se tenant par un ou plusieurs doigts de chaque main. Voilà au point de vue de la physique vulgaire un étrange appareil magnétique ! Quelle peut en être l'action? De Puységur va nous le dire, d'après Mesmer lui-même. « On touche (immédiatement) chacune des bouteilles qui entrent dans le réservoir magnétique, et on leur communique par là une impulsion *électrique animale;* on charge de même l'eau qui recouvre les bouteilles, et par cette opération l'on détermine les *courants de mouvements* à se porter vers les pointes ressortantes. » Et même, « si l'on veut au moyen d'une baguette de fer terminée en pointe dans le milieu du baquet, qu'on peut *toucher* de temps en temps, ou d'un rechargement qu'on peut opérer à volonté, on entretient le mouvement dans la direction donnée ; et, par l'intermède de la corde....., il arrive un combat dans chaque individu pour le rétablissement du fluide ou mouvement électrique animal. » Quoi de plus clair?

« Pourtant, cet appareil, tout compliqué qu'il est, manque encore de la pièce capitale et ne pourrait tel quel produire les grands effets. Cette pièce essentielle, c'est le réservoir du fluide, c'est le maître lui-même. L'action ne devient énergique que quand le magnétiseur entre dans la chaîne. Il n'est pas nécessaire pour cela qu'il se mette en communication avec la corde, ce qui pourtant ne gâterait rien; il lui suffit de toucher les malades, de diriger sur eux ses doigts, sa baguette, ses regards, ou de pratiquer le *grand courant* avec ou sans contact. Alors le courant animal du magnétiseur, se rencontrant avec celui de la cuve, forme dans le corps des enchaînés un véritable torrent qui va, vient, se précipite ou se ralentit selon les circonstances, et finit par entraîner l'assistance entière. Dans quel monde de sensations! Les yeux s'égarent; les gorges se soulèvent; les têtes se renversent; on frémit, on pleure, on rit, on tousse, on crache, on crie, on gémit, on suffoque, on a des vertiges, on s'endort, on tombe dans l'extase, on sent des ardeurs secrètes; puis viennent les cris, les étranglements, les mouvements convulsifs, les contorsions, les culbutes. Les femmes surtout se jettent les unes sur les autres; rouges ou pâles, les traits bouleversés, les cheveux flottants ou collés à la tempe, elles s'embrassent, se repoussent, se roulent à terre ou vont donner de la tête contre les murs. N'ayez peur, le mur est matelassé. « Le secours! le secours! » A cet appel, le maître jette son harmonica et vole vers les frénétiques. Il les pénètre d'un regard aigu et profond, leur prend les mains ou passe les siennes sur les parties les plus agitées. Peu à peu, le calme revient, la respiration se ralentit, la sueur s'arrête, un élan de reconnaissance termine la crise [1]. »

1. Dechambre, article *Mesmérisme* du *Dictionnaire encyclopédique des Sciences médicales*, t. VII, 1re partie, p. 150.

« Certes, il ne viendra à l'esprit de personne, ajoute Dechambre, que de pareilles scènes soient bonnes pour la décence publique. Mais il faut en croire là-dessus l'honnête Puységur : Mesmer s'appliquait scrupuleusement à prévenir les abus, et les excitations nerveuses ne sont guère sorties du programme que sous le règne de ses successeurs. »

Mais, dans son ingéniosité, Mesmer alla plus loin, pour satisfaire au nombre toujours croissant des demandes de fluide, il trouva que celui-ci pouvait non seulement se transmettre par des conducteurs, mais encore se concentrer dans certains corps. De gros objets, tels que des arbres, pouvaient emmagasiner une quantité considérable de fluide et le distribuer en doses convenables aux malades qui venaient à les toucher. C'est ainsi qu'il chargea de magnétisme l'un des arbres du boulevard Saint-Martin, afin de le mettre gratuitement à la disposition des malades pauvres. Ce que cet arbre fit de merveilles, ce qu'il opéra de guérisons, je n'ai pas besoin d'y insister ; c'était à rendre jaloux les squelettes des saints.

Les propriétés du fluide et la manière de les appliquer variaient du reste autant que les besoins s'en faisaient sentir, et, parmi les spectateurs de ses premières représentations, — on peut bien leur donner ce nom, — Mesmer ne tarda pas à rencontrer des disciples enthousiastes avec lesquels il ne semble pas du reste avoir vécu en très bonne intelligence. — D'Eslon, Jumelin, de Puységur sont les plus connus. Ils finirent tous par s'isoler et par pratiquer pour leur propre compte. Le dernier et le plus célèbre acquit bientôt une immense réputation, et ce fut lui qui, plus perspicace que Mesmer, découvrit le somnambulisme magnétique, dont Mesmer avait constaté quelques faits sans en remarquer la grande importance.

Le marquis de Puységur, après avoir obtenu en province quelques guérisons de maux de dents, de névralgies, etc., parmi les personnes de son voisinage, rencontra un jour parmi ses solliciteurs « un jeune homme atteint depuis quatre semaines d'une fluxion de poitrine. Quelle ne fut pas sa surprise lorsque le magnétiseur vit son client s'endormir paisiblement et, tout en dormant, parler, s'occuper de ses affaires, chanter les airs qu'on lui indiquait mentalement. »

Ce dernier point, l'automatisme du magnétisé, son obéissance passive aux ordres venus du dehors, fut ce qui étonna le plus de Puységur, qui, pour l'expliquer, émit l'hypothèse fameuse que nous retrouvons encore aujourd'hui parmi les théories magnétiques, l'action de la volonté. Nous passons sur les jeunes années de la doctrine nouvelle, nous contentant d'en noter les traits les plus saillants. Elle ne grandit pas sans contestations. Mesmer, ridiculisé par ses adversaires, en appela aux Sociétés savantes, qui eurent la faiblesse selon les uns, la sagesse selon les autres, et nous sommes de ces derniers, de nommer pour examiner ces phénomènes des commissions dont les membres, tous éminents dans les différentes branches de la science, eurent de la peine à se mettre d'accord. — Plusieurs rapports manuscrits furent lus dans ces Sociétés, quelques-uns même reçurent les honneurs de la publication. Toutes les fois que les commissaires prirent la peine, de concert avec les magnétiseurs, d'instituer des expériences méthodiques avec moyens de contrôle, elles ne donnèrent que des résultats négatifs ou des résultats pouvant être expliqués par d'autres causes que l'action du fluide.

Parmi ces derniers, les faits de crises nerveuses, de secousses, de tremblements, de raideurs des membres, de fixité du regard, d'évanouissement, de perte de la sensibilité, d'oubli de certaines connaissances, furent attribués avec raison à des états maladifs des sujets chez lesquels ils se manifestaient. Quant aux faits plus extraordinaires, tels que la clairvoyance, l'action à distance, etc., ils furent repoussés, et un certain nombre de savants dévoilèrent la supercherie sur laquelle ils reposaient. Parmi les successeurs de

Mesmer, il faut faire une place à part à un prêtre hindou du nom de Faria, qui impressionna vivement la foule vers 1815 à Paris, car ce fut lui qui, tout en produisant les mêmes phénomènes que les autres magnétiseurs, attaqua l'un des premiers avec un grand bon sens la théorie mesmérienne du fluide et celle de l'action de la volonté imaginée par Puységur. Faria soutint que la cause des effets produits ne réside pas dans le magnétiseur, *en dehors* ou *contre* la volonté duquel le sommeil peut parfaitement se manifester, mais dans l'organisation particulière du magnétisé, du sujet. — C'est lui qui le premier, à la suite d'un ordre, sur la simple injonction « *Dormez* » par exemple, plongeait certains de ses auditeurs dans l'état dit magnétique, sans faire ni passe, ni attouchement, ni jeu du regard quelconque. C'est lui enfin qui inaugura les illusions magnétiques du goût, de l'odorat, etc., illusions qui consistent à faire prendre au sujet de l'eau claire pour du café ou du vin ou une liqueur qu'on lui indique, ou, comme le magnétiseur belge Donato le fait encore de nos jours, prendre une pomme de terre pour des abricots ou tel autre mets délicat.

Voyons maintenant quels sont les phénomènes essentiels attribués au fluide magnétique, et occupons-nous d'abord de ceux que vous et moi, qui n'avons, je suppose, jamais magnétisé jusqu'à présent, pourrons obtenir, à condition d'employer certains procédés empiriques et d'avoir à notre disposition un bon « sujet », c'est-à-dire, comme nous le verrons plus loin, un individu qui, quoique florissant de santé en apparence, sera victime d'un état névrotique, d'une altération cérébrale. Le siège de nos facultés psychiques étant indubitablement le cerveau, toute modification physique de celui-ci influera sur les premières, et ces modifications seront d'autant plus facilement obtenues que le cerveau leur offrira par sa constitution même, moins de résistance. — *C'est une erreur absolue de croire qu'un magnétiseur, quelque chargé de fluide qu'il prétende être, puisse agir indifféremment sur tout le monde.* — Un vieux magnétiseur qui opère depuis plus de quarante ans et qui pratique encore à Genève dans ce moment m'avouait dernièrement qu'il agit sur un tiers seulement des personnes qui suivent ses séances de démonstration ; ce chiffre me paraît très élevé, et, s'il est exact, il parle peu en faveur de la santé cérébrale à Genève. Quoi qu'il en soit, puisqu'il est avéré que le présumé fluide n'agit que sur certains individus, il semble naturel d'admettre qu'il existe, entre ces individus et ceux sur lesquels il demeure inactif, une différence qui leur est personnelle et qui dépend de leur constitution [1].

1. A. S. Morin cite une statistique tenue pendant dix ans à la

Soumettons donc un de ces individus de constitution magnétique, et dont l'attention est éveillée par ce qui va se passer, à la pratique dite des *passes*, l'une de celles qui produisent les résultats les plus rapides[1]. Asseyons-le solidement, et plaçons-nous en face de lui, puis, après l'avoir prié de ne pas résister volontairement à l'influx du « fluide » que nous allons lui administrer, — car une réaction de la volonté retarde le sommeil magnétique aussi bien que le sommeil normal, — nous le regardons fixement pendant quelques secondes. Dans les cas heureux, chez les très bons sujets, cette fixation des yeux, amenant la convergence de leurs axes, suffit à elle seule pour produire le sommeil. Je l'ai obtenu deux ou trois fois de cette manière chez des jeunes filles hystériques. Mais, dans les cas ordinaires, il faut aller plus loin. On élève les deux mains à la hauteur du front du sujet, puis on les abaisse lentement le long de son corps, et cela à plusieurs

Société du Mesmérisme à Paris, et de laquelle il résulte, « que le nombre des personnes soumises aux expériences était par an de 24 fois 60 ou de 1440, ce qui fait pour dix ans seulement un total de 14 400. On faisait un relevé des personnes qui déclaraient avoir ressenti les effets du magnétisme, et de celles qui déclaraient n'avoir rien ressenti; le nombre des premières forme, en moyenne, les quatre cinquièmes du total, soit 1152 par an, et pour dix ans, 11 520 : *A. S. Morin. Du magnétisme et des sciences occultes*, in-8, Paris, 1860, p. 15.

1. Je dis « l'une de celles », parce que, de l'aveu même des magnétiseurs, on peut provoquer le sommeil magnétique de manières très diverses, par le simple regard, par le bras tendu vers l'épigastre, par le souffle, etc.

reprises, en dirigeant toujours les mains de la partie supérieure vers la partie inférieure du corps. Au bout de quelques minutes de ce mouvement régulier et uniforme qui constitue les passes, ou un temps plus court si aucune distraction, aucun bruit ne vient détourner l'attention du sujet, nous voyons ce dernier tomber dans une sorte de demi-sommeil, d'assoupissement accompagné de profonds soupirs, de spasmes, quelquefois de cris ou de plaintes. Il se renverse en arrière ; ses muscles, tout en se détendant, exécutent des soubresauts irréguliers ; il cligne des paupières, roule les yeux dans leurs orbites ; il paraît lutter contre « le fluide » qui l'accable, mais cette lutte est inégale, il succombe toujours et finit par s'endormir.

Si le sujet que je suppose avoir entre les mains n'est pas un bon sujet, il pourra se faire que le sommeil complet ne l'atteindra pas ; les phénomènes s'arrêteront alors à l'une des phases qui le précèdent, des picotements, une pression dans la tête, quelques hallucinations hypnagogiques, des sensations vagues qu'il faudra bien se garder d'attribuer au prétendu fluide. Et ici je dois signaler un véritable abus des magnétiseurs de profession, qui font dépendre du fluide toutes les sensations, quelles qu'elles soient, accusées par leurs sujets. C'est là plus qu'une exagération, que j'ai vue répandue d'une façon très générale chez plusieurs magnétiseurs. Ils prennent au hasard dix personnes par exemple, dans une réunion publique, puis ils les font placer chacune sur un siège les unes derrière les autres, en *chaîne*, et les magnétisent en étendant le bras devant elles à la hauteur de leurs têtes pendant un quart d'heure et davantage. Ce temps est énorme; cependant, s'il est écoulé sans qu'aucune de ces personnes se soit endormie, ce qui arrive fréquemment dans les circonstances supposées, — dix personnes saines pouvant se trouver dans une assemblée publique, — le magnétiseur, désespérant d'en venir à bout, abandonne la partie, à contre-cœur il est vrai, la démonstration risquant de tourner à son désavantage ; aussi questionne-t-il les uns après les autres les patients, leur demandant s'ils ont éprouvé une sensation quelconque. Il est bien rare qu'ils ne reçoivent que des réponses négatives ; l'un accusera avoir ressenti une légère transpiration, un autre un mal de tête, un troisième de l'oppression, d'autres enfin des démangeaisons ou des tiraillements dans différentes parties du corps, en un mot une sensation plus ou moins précise et bien localisée. Or est-il logique d'attribuer ces sensations à l'influence du fluide? — Je ne le pense pas, et je pose en fait que, lorsqu'une personne normalement constituée demeure immobile et attentive pendant plusieurs minutes, il est impossible qu'elle n'éprouve pas durant ce laps de temps une sensation quelconque, et cela à plus forte raison lorsque, préparée par les discours tenus et le mystère du lieu, elle s'attend à devenir le jouet d'une force supérieure.

Ici, l'imagination joue un rôle considérable, dont nous aurons à reparler plus loin, en y insistant davantage. L'expérience précédente est couronnée de succès surtout chez les femmes, dont l'imagination est plus vive que celle de l'homme. Ces derniers, pour peu qu'ils aient la coutume d'analyser leurs sensations, savent beaucoup mieux distinguer ce qui pourrait être attribué au fluide de ce qui est très ordinaire.

Mais revenons au « sujet » que nous avons supposé avoir endormi, et observons-le méthodiquement. Dans la plupart des cas, après une courte période d'accélération, son pouls se ralentit; sa respiration, d'abord haletante et irrégulière dans les premières phases de l'action, devient de plus en plus uniforme. Puis, outre ces résultats généraux, nous en constaterons d'autres, qui sont classiques, indéniables, leur existence reposant sur un grand nombre d'observations, mais qui peuvent néanmoins être simulés, ce qui les fait considérer comme tels dans tous les cas par un grand nombre de gens. Nous supposerons, pour la clarté de l'exposition, notre sujet les présentant tous à la fois, tandis qu'en réalité chaque individu n'en manifeste qu'un certain nombre, selon le degré de son état de prédisposition magnétique[1] et la durée des pratiques magnétiques. — Nous mentionnerons au fur et à mesure ceux qui leur ont été ajoutés par l'imagination des magnétiseurs, mais qui jusqu'ici n'ont pu être constatés par le monde scientifique. — Nous diviserons ces phénomènes en deux groupes, les phénomènes physiques et les phénomènes psychiques.

Phénomènes physiques.

Les phénomènes physiques peuvent présenter des apparences diverses d'un sujet à l'autre, et l'on a noté à leur égard un très grand nombre de va-

1. M. Richet admet trois degrés principaux dans l'état somnambulique.

Dans le 1er degré ou période de *torpeur*, la mémoire et la conscience sont conservées, il y a fatigue des paupières, difficulté de respiration, lassitude dans les membres et quelquefois un commencement de contracture. Les somnambules faibles s'en tiennent à ce premier degré, mais on peut les former, les dresser pour ainsi dire, en répétant à plusieurs reprises les mêmes manœuvres.

Dans le 2e degré ou période d'*excitation*, les phénomènes deviennent plus frappants, le sujet ne peut plus ouvrir les yeux, il reste un degré de conscience, suffisant pour permettre au malade de savoir qu'il est endormi, et de tenir avec lui des conversations. C'est dans cette phase qu'on peut étudier les hallucinations, la suggestion, l'automatisme.

Dans le 3e degré ou période de *stupeur*, l'automatisme est beaucoup plus complet, il n'y a plus trace de spontanéité ; l'anesthésie est également beaucoup plus intense.

Entre ces divers degrés, il existe des transitions.

(Ch. Richet. *Du somnambulisme provoqué*. Revue philosophique, tome X, 1880, p. 350 et suiv.)

riétés que nous ne pouvons signaler ici. Nous nous contenterons de rappeler les caractères principaux.

Le premier et l'un des plus frappants est la *catalepsie*, c'est-à-dire la singulière aptitude qu'ont pris tous les muscles volontaires à conserver la position et l'attitude qu'on leur a données. Prenons le bras de notre sujet, levons-le, étendons-le, plions-le; il demeurera levé, étendu, plié indéfiniment jusqu'à ce que nous le dérangions de nouveau, et cela sans fatigue, sans lassitude aucune. Nous pourrons donner à tout son corps une situation des plus incommodes sans qu'il fasse d'effort pour la changer. Le sujet est devenu un véritable automate. Nous ne faisons que mentionner ce curieux phénomène, sur lequel nous aurons à revenir en parlant de l'hypnotisme.

Nous constaterons aussi sur notre sujet que l'excitabilité réflexe des muscles est exagérée à tel point, pendant le sommeil magnétique, qu'il suffit d'un léger massage ou d'un attouchement presque imperceptible sur la peau à la hauteur d'un muscle donné pour provoquer la contraction très vive de ce muscle, son durcissement, sa raideur, en un mot ce que l'on a nommé sa *contracture*. Ce phénomène ne coïncide jamais avec la catalepsie, un muscle cataleptisé ne peut pas être contracturé. Toutefois, ces deux phénomènes sont très voisins et peuvent passer de l'un à l'autre, de telle sorte que le sujet cataleptique pourra quitter cet état, entrer en convulsion et en contracture.

La contracture d'un muscle agit fréquemment sur les muscles voisins ; elle tend à se généraliser et à envahir tout le corps. Lorsqu'elle atteint les muscles du larynx et de la poitrine, ce qui se produit parfois spontanément dans le cours d'une magnétisation, le sujet est pris d'étouffements, il se met à gémir, à crier, il suffoque et se débat, donnant lieu à un spectacle qui impressionne beaucoup les personnes novices dans les salles des magnétiseurs. La face, rouge d'abord, bleuit peu à peu, par suite de l'arrêt de la respiration ; cet état pourrait conduire à l'asphyxie complète, à moins que le fait même du manque d'oxygène dans le sang ne réveille à un certain moment le sujet, comme le pensent quelques auteurs.

Dans tous les cas, la magnétisation n'est pas dépourvue de dangers ; on a vu des sujets atteints de maladie de cœur, par exemple, mourir subitement pendant l'opération. Elle devrait n'être pratiquée que par des médecins. Il est regrettable de voir des gens s'abandonner aux mains de magnétiseurs n'ayant aucune notion scientifique et qui par conséquent sont les premiers épouvantés et impuissants en cas d'accident. On a vu, chez certains sujets excellents, la contracture tellement généralisée que les Hansen, les Donato, etc., qui les produisaient en public, réussissaient à les manier comme un seul bloc, à les placer, par exemple, dans un tour fameux que l'on a réussi à simuler dernièrement dans une représentation donnée à la salle du boulevard des Capucines, entre deux chaises sur lesquelles ils ne reposaient que par la tête et les pieds, le corps portant dans le vide rigide et suffisamment résistant pour permettre de le charger de fardeaux du poids d'un homme.

Du reste, la contracture se produit dans un certain nombre d'états nerveux, sans le secours du soi-disant fluide magnétique. Une cause purement physique, un courant d'air, un bruit, un choc, un brusque changement de température, etc., suffisent pour la provoquer. Prenons un diapason par exemple et, après l'avoir mis en vibration, approchons-le du bras de notre sujet; aussitôt ce membre entrera en contracture avec tous les caractères qui viennent d'être cités, et la contracture se généralisera, sans l'intervention d'aucun fluide. Nous verrons que les personnes hystériques sont continuellement exposées à entrer dans un tel état; un aboiement de chien, un tintement de cloche, un coup de tam-tam en deviennent la cause, et il faut veiller constamment sur ces malades. Ces données doivent être toujours présentes à notre esprit pour l'interprétation saine des faits plus ou moins merveilleux que nous exhibent les magnétiseurs; elles nous servent en particulier à nous expliquer l'action de la musique.

On sait quel parti les magnétiseurs tirent de certains airs joués sur le piano devant une grande assemblée. De tous les coins de la salle, des personnes (surtout des femmes) se lèvent et dans un sommeil inconscient s'en vont escaladant des bancs, renversant tout sur leur passage, mues comme par une force mystérieuse, jusqu'aux pieds de l'instrument, dont les sons sont imprégnés de « fluide » par la main du magnétiseur. Le phénomène est curieux en effet; mais il n'y a là rien de merveilleux, si l'on sait que toutes les personnes ainsi attirées sont des somnambules et si d'autre part on constate que les simagrées du magnétiseur sont superflues. Il y a quelques mois que, passant dans une rue populeuse à la tombée de la nuit, mon attention fut attirée par les faits et gestes d'une jeune fille qui semblait lutter contre une force invisible. Elle faisait des efforts pour continuer son chemin, mais était ramenée malgré elle auprès d'un établissement public devant lequel jouait un orgue de Barbarie. Dès que l'orgue fut arrêté la jeune fille soulagée reprit sa route sans aucune difficulté. Elle n'avait pas fait cinquante pas que, l'artiste ambulant ayant recommencé à tourner la manivelle, elle fut arrêtée de nouveau subitement et ramenée auprès de l'instrument. Il n'y avait là aucun magnétiseur, mais simplement une jeune névrotique impressionnée par la musique, qui donnait spontanément le spectacle de ces scènes depuis si longtemps exploitées par les disciples de Mesmer.

L'hyperexcitabilité des muscles est telle dans certains sujets qu'elle permet de produire chez eux la contracture à la distance de quelques mètres d'un bout d'une salle à l'autre par exemple, pourvu que le sujet soit averti d'une manière quelconque du geste du magnétiseur qui lui lance le « fluide », soit qu'il le voie directement, soit, lorsqu'il a le dos tourné, qu'il l'entende ou qu'il le sente réellement par suite de l'ébranlement de l'air. La preuve de ce que j'avance ici est dans la nécessité du geste. S'il fait défaut et s'il n'est remplacé par aucune autre action mécanique, la contracture ne se produit pas.

Un autre phénomène physique, l'*anesthésie*, accompagne fréquemment le sommeil magnétique. Nous pourrons pincer, couper, brûler notre sujet sans qu'il manifeste la moindre douleur; nous pourrons lui traverser avec une épingle non seulement la peau, mais les muscles, et il ne bronchera pas. Il est vrai que, dans l'observation des phénomènes présentés par une somnambule de profession, il sera sage de s'entourer de précauions et se mettre en garde contre les supercheries. Dans beaucoup de cas, l'habitude d'une sensation souvent répétée la laissera inaperçue, alors même qu'à l'origine cette sensation aurait été douloureuse. On conçoit qu'on puisse s'accoutumer à se laisser percer un membre par une aiguille, sans résistance, et l'on connaît l'influence de la volonté contre une douleur à laquelle on s'attend. La plupart des sujets exhibés par les magnétiseurs ne font que simuler, en réagissant de cette manière, l'insensibilité. Le professeur Schiff a mis un jour cette simulation en évidence chez une célèbre somnambule qui se livrait sans douleur à toutes les tortures imaginables. S'étant habilement placé derrière elle, il lui glissa furtivement un gros crapaud dans le dos. La somnambule ne put résister à la sensation de cette masse visqueuse, elle s'éveilla aussitôt, en manifestant le plus vif dégoût.

Nous ne parlons donc ici que de l'anesthésie positive, qui est très intense chez les bons sujets. Un savant médecin, M. le Dr Ladame, a observé pendant longtemps deux jeunes garçons épileptiques qui constituaient d'excellents sujets pour l'étude de la névrose qui nous occupe. Il a relaté dans un petit livre du plus haut intérêt quelques-unes de ses expériences; nous lui empruntons la suivante : « M. le professeur Schiff, à Genève, a essayé le degré d'anesthésie chez un des sujets que nous avons présentés à la Faculté de médecine et à la Société médicale de cette ville, au moyen du courant électrique d'un appareil d'induction dont l'intensité était graduée à volonté. Le sujet supporta les courants les plus forts sans qu'on vît remuer un de ses traits. Au dernier moment, lorsque le courant avait atteint le summum d'intensité qu'on pouvait lui donner avec l'appareil, on aperçut un léger tiraillement dans la figure du jeune homme en expérience; mais cette douleur, la plus violente qu'on pût imaginer, ne suffit pas pour le réveiller. On le réveilla par le moyen ordinaire, en lui passant les mains sur le front, et il dit qu'il avait ressenti quelque douleur dans le bras soumis au courant électrique. Il conserva pendant le reste de la journée une douleur sourde dans ce bras. Le même jeune homme fut cautérisé au fer rouge par M. Strohl, pendant son sommeil hypnotique, sans trahir la moindre souffrance, et il déclara, après qu'on l'eût réveillé, qu'il n'avait absolument rien senti [1]. »

On sait que l'anesthésie peut porter sur différentes formes de la sensibilité. Une idée qui est de plus en plus admise en physiologie, parce qu'elle repose sur des données expérimentales, est

1. Dr P. Ladame, *La névrose hypnotique ou le magnétisme dévoilé*, Paris, in-12, 1881, p. 57.

celle qui admet plusieurs sortes de sensibilité dans ce que nous nommons la sensibilité générale. Les sensations de chaleur, de pesanteur, de chatouillement sont conduites séparément au cerveau par des conducteurs spéciaux. Il peut se présenter par conséquent que certains de ces conducteurs soient endormis alors que d'autres ont conservé leur intégrité, et qu'un membre soit anesthésié pour les sensations douloureuses alors qu'il est encore sensible au chatouillement. On a donné le nom d'*analgésie* à l'état particulier dans lequel le sens du toucher persiste alors que la sensation douloureuse a disparu.

On comprend combien de pareilles modifications de la sensibilité habilement exploitées peuvent frapper l'imagination du public.

Chez quelques sujets très surexcités, l'anesthésie fait place au contraire à l'*hyperesthésie*, c'est-à-dire l'exagération de la sensibilité. Ces sujets se plaignent alors de tout attouchement, de tout frôlement. Le moindre contact, le moindre souffle leur devient douloureux, et cela à un point tel qu'il est difficile de les maintenir longtemps dans cet état. Ce qui est singulier, c'est que dans certains cas l'hyperesthésie succède à l'anesthésie sur le même individu pendant un même sommeil. « Pendant la période d'anesthésie, dit le Dr Azam, ma malade (une certaine demoiselle X...) se plaint de ce que l'odeur du tabac que je porte sur moi lui est insupportable. Le bruit de ma voix ou celle des assistants, celui de la rue, le moindre son enfin, paraît affecter cruellement la sensibilité de l'ouïe; un contact ordinaire amène une certaine douleur : ma montre est entendue à huit ou neuf mètres, ainsi qu'une conversation à voix très basse..... Une main nue est-elle placée à quarante centimètres derrière son dos, Mlle X..... se penche en avant et se plaint de la chaleur qu'elle éprouve; de même pour un objet froid placé à la même distance [1]. »

Il faut insister sur cet état particulier des organes des sens — toucher, odorat, ouïe, vue — qui permet au sujet de saisir des modulations beaucoup plus faibles qu'à l'état normal, car cette propriété a été depuis longtemps exploitée au profit du surnaturel. Elle explique une foule de faits qui frappent l'imagination et en particulier le pouvoir surprenant qui permet à la fameuse demoiselle Lucile, le sujet de Donato, d'entendre d'un bout d'une salle à l'autre ce que dit une personne parlant à voix basse ou de voir ce qui se passe dans une obscurité relative. Mais, de là à entendre ou à voir à toute distance, il y a un pas qui, quoi qu'on en ait dit, même dans le monde

1. Azam, *Note sur le sommeil nerveux ou hypnotisme* (*Archives générales de médecine*, janvier 1860).

scientifique, n'a pas été franchi dans de bonnes conditions expérimentales. Il y a une limite nécessaire à cette hyperesthésie, et il serait absurde de conclure que de ce qu'un somnambule entend à une distance de quelques mètres, il doive pouvoir le faire à une distance cent ou mille fois plus grande, et de ce qu'il aperçoit des objets, de ce qu'il peut lire dans une demi-obscurité, il doive pouvoir distinguer ce qu'on lui montre à travers un mur ou un épais bandeau. Nous ne devons jamais en science positive nier *à priori* la possibilité d'un fait attesté par un grand nombre de personnes, quelque extraordinaire qu'il nous paraisse; mais nous devons exiger la plus grande sévérité et l'esprit critique le plus sérieux dans la démonstration que l'on nous fournit de ce fait.

On sait en quoi consiste l'extra-lucidité. Un individu est plongé dans le sommeil magnétique, puis il se charge de vous donner des nouvelles de personnes que vous n'avez pas vues depuis longtemps ou dont vous avez même perdu la trace, à condition cependant que vous lui donniez à toucher un objet ayant appartenu à la personne sur laquelle vous le questionnez. — Si quelquefois en pareil cas le magnétisé fournit des renseignements exacts, — ce que l'on ne peut nier absolument, — cela est dû soit à une pure coïncidence dont on peut calculer le degré de probabilité selon la question posée, soit — ce qui est le plus souvent le cas — aux renseignements directs que le sujet a obtenus à votre insu, par vos propres paroles ou par celles de vos proches. Toutes les fois que l'on prend des précautions contre de pareilles supercheries, le somnambule se trouve en défaut. Remarquons du reste que les pratiquants sont ordinairement des femmes qui réussissent à se mettre au courant des affaires d'un grand nombre de personnes et qui savent avec une admirable habileté baser de grandes probabilités sur le peu de faits positifs qu'elles possèdent. Je ne puis m'étendre sur cette prétendue faculté de divination des magnétisés. Je rapporterai cependant l'exemple suivant, cité par le Dr Dechambre et qui suffira à lui seul à faire comprendre le nombre considérable de faits analogues par lesquels on peut s'expliquer la manière d'agir des somnambules :

« Un enfant d'une quinzaine d'années était atteint de manie chronique avec des périodes d'excitation. Il portait de plus à l'insu de tout le monde, *excepté de sa mère et d'une femme de chambre*, une déviation commençante de la colonne vertébrale, ou plutôt une légère exagération de la courbure dorsale. Calixte (somnambule émérite) était alors le grand devin de Paris; il venait d'accomplir nous ne savons plus quelle prouesse, dont les journaux avaient retenti. Les parents se décident à le consulter. Ils lui portent le bonnet de nuit de l'enfant. Le somnambule au contact du bonnet s'agite et presque aussitôt : « Mais cet « enfant a la tête dérangée! Et puis, que vois-je? « Il y a une épaule plus grosse que l'autre, sa « colonne vertébrale n'est pas droite. Il lui faut « un corset. » Les consultants sortent en proie à la stupéfaction. En effet, que l'épreuve en reste là, et elle est décisive. Mais j'apprends que les parents se sont rendus chez le somnambule dans leur calèche, avec un valet de pied; que de plus ils ont dû attendre la consultation pendant plus d'une heure, quoique le salon d'attente fût vide. — A quinze jours de là, je les prie d'envoyer en fiacre chez le même somnambule, avec le bonnet porté par l'enfant les nuits précédentes, une personne de confiance qui déclarerait dès son arrivée ne pouvoir attendre plus d'une demi-heure et ne prononcerait pas une parole dans le salon, fût-elle seule. Tout se passa comme il avait été dit, et la seconde consultation ne fut plus qu'une divagation ridicule. Ai-je besoin de prouver que la femme de chambre avait instruit le cocher; le cocher, le domestique du somnambule; celui-ci, son maître? Non. Quand le somnambule est mis dans l'impossibilité de ne rien apprendre, il ne devine rien. C'est tout ce qu'on voulait savoir [1]. »

1. Dechambre, *loc. cit.*, p. 197.

Quant à la *transposition des sens*, c'est-à-dire à la faculté que certains somnambules prétendent posséder de pouvoir lire ou voir les objets qu'on leur présente, par le creux de l'estomac, le front, l'extrémité d'un membre ou toute autre région du corps, elle est une pure supercherie ou bien elle peut s'expliquer par l'intervention d'un autre organe des sens, celui du toucher par exemple (Berger).

Le somnambule se fait bander solidement, en apparence du moins, les yeux, puis il se charge de lire tel ou tel imprimé qu'on lui présentera, à condition qu'on le lui place à la hauteur du front ou des yeux selon les cas. Assurément, voilà qui paraît extraordinaire et qui le serait en effet si le bandeau, tout compliqué qu'il puisse être, était hermétiquement fermé. Malheureusement pour le succès du merveilleux, il n'en est jamais ainsi, et le mieux pour s'en convaincre est de se faire appliquer à soi-même le bandeau dans les mêmes conditions qu'au somnambule. On réussira alors sans trop de difficultés à opérer aussi bien que lui. MM. les Drs Peisse et Dechambre ont été les premiers à donner cette démonstration. J'emprunte encore au dernier de ces savants le récit extrêmement instructif d'une expérience de cette nature :

La somnambule, une certaine mademoiselle

Prudence, alors très connue et qui sur ses vieux jours, comme un malfaiteur qui avoue à la dernière heure les crimes qu'il a commis, a dévoilé les supercheries dont elle avait usé et abusé pendant sa carrière, mademoiselle Prudence, qui servait à l'expérience, déclara être prête à lire par le front. On lui plaça alors sur les yeux un appareil fort compliqué et qui semblait devoir la priver de toute vision naturelle. Cet appareil consistait : 1° en morceaux de taffetas gommé plaqués directement sur les paupières closes, s'étendant depuis le sourcil jusqu'à deux millimètres au-dessous de la paupière et débordant un peu transversalement les deux commissures palpébrales; 2° en un masque de terre à modeler, légèrement mouillée et pétrie, se prolongeant, en haut, jusqu'à 1 centimètre au-dessus des sourcils et de la racine du nez qu'elle embrasse hermétiquement; en bas, jusqu'à la partie inférieure de l'os de la pommette, en passant au-dessus des ailes du nez et laissant le lobule à découvert; sur les côtés, jusqu'à 2 centimètres en dehors du rebord osseux de l'orbite et s'adaptant parfaitement sur tous les points aux plans inégaux de la région orbitaire et de la face; 3° en un bandeau de velours noir, de 3 à 4 centimètres de largeur, débordant légèrement par en haut l'arcade orbitaire, et paraissant, autant qu'on en pouvait juger à travers le masque, dépasser à peine par en bas le bord libre des paupières; 4° enfin une nouvelle couche de terre, généralement assez mince, mais plus épaisse en haut, où elle dépasse le bord supérieur du bandeau; chacun d'ailleurs est libre d'ajouter une nouvelle couche s'il le juge nécessaire. — Chargée de ce formidable appareil, la somnambule reconnaît, mais plusieurs minutes, un quart d'heure, quelquefois une demi-heure après l'application de l'appareil, les objets qu'on lui présente, distingue des caractères d'imprimerie et joue une partie de cartes.

MM. Peisse et Dechambre, aidés encore du Dr Kuhn, se sont donné le malin plaisir de s'appliquer cet appareil sur les yeux et d'accomplir les mêmes faits d'extra-vision que la somnambule. Ils relatent leurs expériences, qui ont été couronnées du plus beau succès, et cela au bout d'un temps plus ou moins long, selon l'état de rugosité de la peau, la température de la salle, le degré d'humidité de la terre glaise employée, etc. Que se passe-t-il donc? Y a-t-il là vision surnaturelle? En aucune manière. La terre glaise, desséchée par la tiédeur de la peau, se contracte et se décolle bientôt, elle humecte le taffetas, qui à son tour s'écarte et laisse pénétrer quelques rayons de lumière jusqu'à l'œil, qui perçoit très naturellement et sur un champ plus ou moins étendu les objets extérieurs, en sorte que ce bandeau si compliqué et qui paraît satisfaire à toutes les exigences ne sert en réalité absolument à rien.

Il est vrai que le procédé de bandage que nous venons de citer n'est pas le seul qui ait été proposé, et M. Dechambre en cite d'autres exemples ; mais tous ceux que cet éminent médecin a essayés sur lui-même lui ont fourni au bout d'un temps plus ou moins considérable des résultats analogues. Jusqu'ici, on n'a pas pu constater un cas de vision réelle par un organe autre que l'œil. Il est certain que d'autres sens, le toucher surtout, peuvent remplacer dans une certaine mesure le sens visuel. On a vu des aveugles reconnaître au toucher non seulement les caractères imprimés sur un livre, l'effigie frappée sur une pièce de monnaie, mais encore reconnaître la couleur des étoffes ou celle de certains papiers; il faut par conséquent s'attendre à des « divinations » très naturelles de la part des somnambules si on leur laisse la faculté de baser des inductions sur les caractères perçus par d'autres sens que celui de la vue, de certains objets ou de certaines personnes sur lesquelles on les questionne. Du reste, il paraît tout à fait scientifique d'exiger la plus grande sévérité dans l'observation de phénomènes de ce genre. Il ne faut l'aborder qu'avec une grande circonspection et surtout ne pas se contenter d'un seul fait qui pourra être interprété de différentes manières, mais d'une série de faits établis dans des circonstances telles que le doute ne soit plus permis. Nul plus que moi n'a été vivement attiré par le merveilleux de quelques phénomènes habilement présentés et dont j'ai, non sans peine, réussi à me donner l'explication rationnelle; nul n'appelle avec plus d'ardeur la découverte de faits nouveaux, mais nul aussi n'a appris à un si haut degré et à ses dépens combien il était indispensable de se placer sur le terrain du scepticisme scientifique, dans l'étude de pareilles questions. C'est le cas de dire qu'il ne faut même pas en croire ses yeux, si le fonctionnement de ceux-ci n'a pas été contrôlé par les yeux d'autrui. Je n'insisterai pas sur les faits d'extra-lucidité et de clairvoyance qui sortent du cadre des phénomènes positifs attribués au magnétisme, que je me suis tracé; je les ai mentionnés afin d'y trouver l'occasion de dire toute ma pensée relativement à l'appréciation de pareils phénomènes. Nous possédons maintenant les règles de la méthode expérimentale, nous devons les appliquer sans hésitation, sans retenue aucune à l'étude du prétendu fluide; or, jusqu'à présent et malgré les publications récentes de quelques savants estimables, de Crookes surtout, qui est certainement un grand expérimentateur, l'application de la méthode n'a pas été favorable aux allégations des magnétiseurs non pas dans les faits mêmes, car un grand nombre de ceux-ci, comme nous l'exposons nous-même, sont bien établis, mais dans l'interprétation de ces faits.

Je me suis convaincu, pour ce qui me concerne, que l'étude des sciences était le *sine qua non* pour juger sainement, séparer ce qui est différent, réunir ce qui est semblable. — L'hyperesthésie du sens de la vue, qui peut être placée parmi les phénomènes réels de la névrose hypnotique et magnétique, ne doit pas être confondue avec l'extra-lucidité; c'est bien une lucidité extraordinaire si l'on veut, mais qui ne va cependant jamais jusqu'à permettre de voir à travers un corps opaque. On conçoit la possibilité d'apercevoir des objets dans l'ombre de la nuit (nyctalopie), mais non celle de les voir lorsqu'ils sont dissimulés dans une caisse de fer à parois épaisses et hermétiquement fermée.

Il ne faut pas confondre non plus les phénomènes charlatanesques de clairvoyance avec ceux qui peuvent être interprétés par les suggestions et qui sont eux aussi parfaitement établis.

Que le somnambule magnétisé voie vraiment en imagination l'image des pays que le magnétiseur lui fait traverser, des personnes dont il lui parle, etc., cela ne fait pas l'ombre d'un doute et rentre dans les phénomènes de suggestion qui ont été découverts par Braid et dont nous aurons à reparler au chapitre suivant, en énumérant les phénomènes psychologiques. On réussit à provoquer de la sorte de véritables rêves, avec des hallucinations visuelles, auditives, etc., tellement nettes qu'elles sont regardées comme des réalités qui ont plus ou moins de rapports, grâce à la coïncidence possible, avec la réalité objective et qui, lorsqu'on ne sait pas les rapprocher des hallucinations qui assaillent le dormeur dans le rêve ordinaire, nous paraissent absolument mystérieuses. — On peut affirmer d'une manière générale que le rêve somnambulique n'est qu'une exagération du rêve pendant le sommeil normal. La provocation du rêve dans telle ou telle direction est en particulier beaucoup plus facile à obtenir. Fournissez à un somnambule magnétisé une idée quelconque, il éprouvera simultanément toutes les sensations que comporte cette idée. Dites-lui par exemple que vous le battez, il poussera des cris, comme s'il sentait réellement des coups; il sentira dans les mêmes circonstances vos baisers, vos caresses, etc. On peut même, dans certains cas, provoquer chez le sujet des sensations plus compliquées. Ainsi M. Richet, cédant au désir de l'une de ses magnétisées, la fit voyager pendant son sommeil en lui suggérant l'idée d'un voyage sur un steamer allant à New-York. La « vue » du steamer lui inspira un vif enthousiasme. Entendez-vous comme il siffle, remarquait-elle elle-même, puis un peu plus tard elle pâlit, et, rejetant la tête en arrière, elle eut de véritables nausées, comme si elle avait réellement ressenti le mal de mer[1].

On peut encore obtenir de certains sujets des réponses aux questions qu'on leur pose à haute voix et, dans une certaine mesure, entretenir avec eux une conversation sur un sujet qui leur soit familier et qu'ils soutiennent automatiquement, inconsciemment, avec une certaine habileté apparente.

Le pouvoir du magnétiseur sur le magnétisé s'étend aussi des sensations aux mouvements. Le sujet endormi devient un parfait automate se prêtant à tous les exercices. On peut lui faire tourner une roue, le faire marcher, courir, sauter, glisser, s'habiller, se déshabiller, exécuter en un mot tous les ordres que notre fantaisie se plaira à lui intimer, et cela parce que, dans son état maladif particulier, sa volonté est comme effacée, il est entièrement soumis à la nôtre, c'est notre volonté qui se substitue à la sienne.

Nous aurons à reparler de ces effets, dits magnétiques, plus au long, à propos de l'hypnotisme, car, pour nous, magnétisme et hypnotisme ne diffèrent que par les procédés. Leur origine, l'époque de

1. Ch. Richet. *loc. cit.*

leur découverte sont différentes, mais les effets qu'ils produisent sont sinon identiques dans tous les cas, du moins parfaitement semblables. L'irrégularité des effets obtenus chez les différents sujets est un des arguments les plus sérieux contre l'hypothèse d'un fluide magnétique. L'analogie avec les autres forces de la nature indique que, s'il existait vraiment un fluide spécial, ayant une existence propre, analogue à l'électricité par exemple, son action devrait être soumise à une plus grande régularité. Une décharge de bouteille de Leyde, un courant d'induction, etc., impressionnent chacun d'une manière bien définie et toujours semblable à elle-même. Il ne faudrait pas croire qu'il en fût de même des phénomènes attribués au fluide par Mesmer, et cela parce que, comme l'avait pressenti Faria, la cause de ces phénomènes est essentiellement *dans le magnétisé*, *dans le sujet*, et non dans le magnétiseur; le rôle de ce dernier se réduit au plus ou moins grand degré d'habileté qu'il déploie dans la manière de faire les passes ou d'accomplir les autres pratiques magnétiques. Il lui est donc possible par son mode d'opération, par les signes, les attouchements que dans sa pratique il aura reconnu être les meilleurs, d'obtenir un succès là où un autre praticien moins habile ou moins exercé demeure sans action. Mais, je le répète, c'est à des conditions physiques de cette nature, parfaitement déterminables par conséquent, que se borne son action. Nous nous expliquons ainsi comment chacun peut devenir magnétiseur par l'éducation et l'exercice, sans avoir reçu un don particulier, une intuition surnaturelle.

Le fait même d'opérer sur une machine aussi compliquée et aussi imparfaitement connue que le cerveau humain est la raison pour laquelle il est très difficile d'expliquer scientifiquement les résultats obtenus. C'est pourquoi quelques magnétiseurs ont cru avec raison simplifier la question en cherchant à agir sur les corps bruts. On sait que dans cette direction les traités sur le magnétisme animal ne sont pas pauvres de résultats. Malheureusement, aucune commission scientifique n'a pu confirmer les assertions qui y sont relatées. Malgré les affirmations très nettes à cet égard, attraction ou répulsion de l'aiguille aimantée, diminution du degré en alcool d'une liqueur, imputrescibilité de l'eau, etc., ces prétendus phénomènes n'ont pas pu être scientifiquement constatés, ou du moins, lorsqu'ils l'ont été, on a réussi toujours à mettre en évidence leur cause réelle, que le magnétiseur, réduit à ses seules ressources, ne sait pas reconnaître.

J'en citerai un exemple, car c'est effectivement par son action sur des corps bruts élémentaires que le fluide magnétique doit chercher à se manifester par des phénomènes constants et mesurables dans leur simplicité. — Voici ce que dit à ce propos un magnétiseur, M. Lafontaine, dans son *Art de magnétiser* : « Voulant arriver à prouver d'une manière péremptoire non seulement l'existence, la force, la puissance du fluide magnétique animal, mais encore son analogie avec le fluide magnétique minéral, avec lequel il me présentait plus de similitude par les attractions que j'obtenais sur le corps vivant, j'ai pensé qu'il devait avoir aussi une action sur la matière. J'ai fait dès 1840 des expériences sur l'aiguille d'un galvanomètre, et j'ai pu alors constater que l'action du fluide magnétique animal est la même sur l'aiguille aimantée que celle du fluide magnétique minéral. Ainsi un barreau de fer aimanté attire l'aiguille et la fait dévier; présenté par l'autre pôle, il la repousse. Le fluide vital produit le même effet, et, qui plus est, on n'a pas besoin de changer les pôles pour obtenir les deux effets; le même pôle d'un barreau de fer doux peut attirer et repousser l'aiguille, il suffit de le magnétiser différemment [1]. »

Après avoir indiqué la marche à suivre pour obtenir les résultats annoncés, M. Lafontaine expose la manière de magnétiser l'eau. Ces expériences, de la plus haute importance, émurent les

1 Ch. Lafontaine, *L'art de magnétiser ou le magnétisme animal*, in-8, 4e édit., Paris, 1880, p. 48.

savants, et grâce à M. Thilorier, chimiste distingué, qui en avait été témoin chez l'auteur, l'Académie des sciences consentit à nommer le 10 juin 1844, une commission pour les examiner. Cette commission était composée de MM. Pouillet, Dutrochet, Becquerel, Chevreul, Regnault et Magendie. Comme toujours, cette commission ne vit rien du tout, car, au jour convenu, M. Lafontaine refusa de montrer ce qu'il avait annoncé, en rejetant la faute sur M. Thilorier, qu'il s'était adjoint. Voici comment il raconte lui-même la chose : « Malheureusement, M. Thilorier, qui n'était pas un magnétiseur, mais un savant chimiste, gâta tout : il désira faire seul une expérience que je lui abandonnai comme venant de lui ; il la fit mal devant M. Arago et, qui plus est, dans des circonstances impossibles. Je ne voulus point présenter alors mes autres expériences, les commissaires étant trop prévenus ; j'attendis. »

En lisant ce récit dans un livre de l'un des principaux successeurs de Mesmer, on se demande comment il se fait qu'il se rencontre encore de nos jours des magnétiseurs ayant l'audace d'accuser, devant un public, ignorant il est vrai, les Académies et les Sociétés savantes de leur indifférence, lorsque ce sont eux-mêmes qui devant une commission composée de savants illustres refusent d'exécuter les expériences qu'ils ont annoncées, sous ce futile prétexte que les commissaires sont trop prévenus. Voudraient-ils par hasard être critiqués par des hommes faisant du magnétisme une question de foi religieuse?

La fameuse demoiselle Prudence Bernard, dont nous avons déjà parlé, prétendait exercer le même pouvoir sur l'aiguille aimantée. — Elle vint à Genève à la fin de l'année 1850, accompagnée de son magnétiseur, un certain M. Lassaigne, pour donner des représentations qui obtinrent un grand succès. Un comité scientifique dans lequel se trouvaient MM. Daniel Colladon, Ernest Naville, tous deux membres correspondants de l'Institut, E. Wartmann, professeur de physique à l'Université de Genève, etc., se forma spontanément pour inviter le magnétiseur et sa somnambule à répéter leurs expériences dans des conditions qu'il lui traça d'avance et qui furent acceptées. Ces expériences eurent lieu selon le programme indiqué et portèrent sur une foule de points divers; elles ont été relatées dans une brochure où je trouve que dans une seule expérience Mlle Prudence Bernard réussit à faire dévier l'aiguille de la boussole de 45 degrés, ce qui eût été très remarquable, si la naïve somnambule n'avait pas fait connaître par hasard, après les expériences officielles qui donnèrent toutes des résultats négatifs, que le busc de son corset était en acier. Sur quoi

M. Wartmann lui montra que, dans l'état habituel de veille, elle était capable de faire dévier l'aiguille aimantée de plus de 90°, en se plaçant vis-à-vis d'un pôle dans une position convenable, sans avoir aucunement recours au fluide animal [1].

Jusqu'ici, je ne sache pas que, malgré le désir des hommes scientifiques, un seul ait réussi à constater une attraction ou une répulsion de l'aiguille produites par d'autres causes que celles universellement admises. Je dois ajouter qu'un magnétiseur repentant m'a avoué dernièrement que la fraude se mêlait à cette sorte d'expérience, qu'il avait pour son propre compte souvent pratiquée avec réussite, grâce à un petit morceau de fil de fer qu'il dissimulait sous son ongle.

Je le répète, la voie proposée par Lafontaine est une voie éminemment scientifique; il faut s'attacher à produire de bonne foi, si l'on croit posséder une force nouvelle, des effets simples et facilement constatables.

Durée du sommeil magnétique. — On ne possède qu'un petit nombre d'observations positives sur la plus grande durée possible du sommeil somnambulique. Je ne parle pas des données plus ou moins fantastiques que l'on trouve à cet égard

1. Relation d'une séance de somnambulisme magnétique donnée à Genève par M. A. Lassaigne et Mlle Prudence Bernard. Genève, 1851, brochure.

dans les livres des magnétiseurs, ni des cas de léthargie extraordinaire tel que celui de la malade de l'hôpital Baujon dont on s'est tant préoccupé dans ces derniers temps. Dans la plupart des cas, les magnétiseurs réveillent leurs sujets au bout de quelques minutes, et, s'ils ne prennent pas ce soin, le sujet se réveille naturellement après un temps plus ou moins long, quelquefois plusieurs heures. M. Ch. Richet, qui a porté son attention scientifique sur ce point, avoue que lorsqu'il magnétisait les premières fois il n'osait pas prolonger le sommeil au delà d'un quart d'heure. Mais peu à peu, après s'être convaincu de la parfaite innocuité de ce sommeil sur les malades, il les laissait endormis plusieurs heures. Une fois même, il constata chez l'un d'eux un sommeil qui dura seize heures et qui fut suivi d'un réveil spontané.

Réveil. — Quant à la manière de s'y prendre pour éveiller son magnétisé, rien n'est plus simple, et le mieux est encore de suivre les procédés empiriques enseignés par les magnétiseurs. Celui qui réussit le plus souvent consiste à souffler légèrement sur le visage ou dans la chevelure du sujet. On pourra aussi le dégager, le débarrasser de son fluide, comme disent les magnétiseurs, en opérant quelques passes rapides sur le front au moyen des deux mains que l'on éloigne de dedans en dehors.

Dans l'immense majorité des cas, dans tous sans exception, selon M. Richet, le sujet ne se souvient absolument pas à son réveil de ce qu'il a fait ou dit durant le sommeil ; c'est là un point de ressemblance de la plus haute importance avec le somnambulisme spontané. Le magnétisé réveillé témoigne le plus grand étonnement lorsqu'on lui raconte ses faits et gestes. Une fois la conscience revenue, tous les autres phénomènes disparaissent, sauf parfois un peu de céphalalgie ; le sujet est redevenu semblable à un individu parfaitement sain, avec cette différence cependant qu'il est toujours apte à retomber dans le même état lorsqu'on le soumet de nouveau aux manœuvres que nous avons indiquées.

Mais, avant de poursuivre la comparaison de l'état dit magnétique avec celui qui se présente spontanément dans certaines névroses, nous devons résumer ce qui a trait à l'hypnotisme, à propos duquel nous exposerons les phénomènes psychiques.

III

De l'hypnotisme, son analogie avec le magnétisme. Phénomènes physiques et psychiques. Rôle de l'imagination. De l'action à distance, de la simulation, etc.

Une forme particulière du sommeil, très voisine et presque sur tous les points identique, par les différentes manifestations auxquelles elle donne lieu, avec le sommeil dit magnétique, est celle que l'on réussit à provoquer sur un certain nombre de personnes par la fixation du regard. Ce procédé, mis en usage déjà par les anciens fakirs de l'Inde et qui a certainement joué un grand rôle dans l'histoire des mystiques, a été découvert à nouveau pour ainsi dire vers 1840, par un médecin anglais honnête homme et bon observateur, nommé Braid, qui lui a donné le nom d'*hypnotisme*. On le désigne aussi quelquefois, en l'honneur de son découvreur moderne sous le nom de *braidisme*.

La fixation du regard, sans être indispensable pour produire le sommeil, y contribue beaucoup et en accélère la venue. Nous pouvons remarquer tout de suite qu'elle a été mise en œuvre, souvent d'une manière inconsciente, par les magnétiseurs eux-mêmes. Si on lit attentivement les préceptes enseignés par ces derniers dans leurs ouvrages on y remarquera la mention de cette pratique; il est vrai qu'on n'y attache pas ordinairement une bien grande importance, et, tandis que Braid préconise l'emploi d'un objet brillant pour arrêter le regard, dans les procédés magnétiques les yeux de l'opérateur suffisent à cette tâche. Et, de fait, il suffit, comme nous le verrons plus tard, de regarder fixement certaines hystériques dans le blanc des yeux pour les plonger dans le sommeil.

Je ne referai pas l'histoire de l'hypnotisme. On sait comment Braid, après avoir publié un volume [1] sur sa découverte ne sut pas la répandre et la rendre populaire. Ce ne fut que quelques années plus tard que MM. Azam et Broca en France profitèrent avec succès de l'anesthésie qui accompagne le sommeil hypnotique pour pratiquer sans douleur des opérations chirurgicales. Ces faits émurent les médecins [2] et fixèrent pour

1. Braid, *Neurypnology*. London, 1843.

2. En Angleterre, le braidisme jouit depuis deux ou trois ans d'une réelle popularité, conséquence des travaux de Preyer, Heidenhain, Charcot, etc. Voir à ce propos un article de M. Hack Tuke dans le *Journal of mental Science*, janvier 1881, intitulé *Hypnosis redivivus*. Voici, d'après une analyse des *Archives de neurologie*, mars 1882, les conclusions de l'auteur.

Le principal mérite de Braid est d'avoir montré:

1° Que le sommeil ou coma mesmérique, la rigidité musculaire et la catalepsie, l'anesthésie, l'analgésie, les hallucinations et les illusions tout de bon, cette fois, leur attention sur l'hypnotisme.

Plaçons de vingt à quarante centimètres au-devant des yeux d'un bon sujet, c'est-à-dire d'une personne prédisposée par sa constitution nerveuse, — celle qui se montre sensible à la pratique magnétique le sera également dans *la plupart* des cas à l'hypnotisme [1], — un objet brillant quelconque, un médaillon, un bouton métallique, un fil de platine rougi par l'électricité [2], par exemple, ou encore, comme le faisait Braid lui-même, la pointe d'un instrument d'acier, tel qu'un scalpel. Puis prions-le de fixer avec attention son regard sur cet objet, sans résistance volontaire. Au bout d'un

qui surviennent dans le cours de ce sommeil anormal sont des phénomènes réels et non simulés ;

2° Que ces phénomènes peuvent être provoqués dans des conditions telles que, pour les expliquer, il n'est nécessaire de recourir ni à la présence d'un fluide magnétique, ni même d'une influence ou force matérielle quelconque passant de l'opérateur au sujet ;

3° Que ces phénomènes sont au contraire le résultat de l'action individuelle, de la concentration de l'attention sur un objet à l'exclusion de tous les autres, aidée de la tension des muscles oculaires en haut et en dedans ;

4° Que la suggestion joue un rôle remarquable dans le courant des pensées ou des idées qui sont excitées dans l'esprit du sujet par l'intermédiaire soit des muscles, soit des paroles ;

5° Que des changements d'une rapidité remarquable peuvent être provoqués dans l'innervation et la circulation de la région, et qu'à l'aide de ces changements on peut arriver à un mode de traitement non pas magnétique, mais relevant de principes physiologiques connus.

1. J'ai vu cependant une femme hystérique, âgée de soixante ans, insensible à l'hypnotisme, tandis que les passes l'endormaient de suite.

2. Ce procédé est dû à M. Strohl, cité par Ladame ; il paraît que les personnes les plus réfractaires aux autres manœuvres résistent difficilement à ce moyen.

certain temps, quelques secondes chez les hystériques déclarées, vingt ou trente minutes chez les sujets rebelles, nous le verrons tomber dans un état analogue à celui que nous avons décrit à propos du magnétisme et qui se manifestera par la série de phénomènes que nous avons signalés : clignotement spasmodique des paupières, convergence des axes oculaires, soupirs, suffocation, lassitude, sommeil [1]. Une grande autorité en ces matières, le Dr Lasègue, qui a beaucoup pratiqué l'hypnotisme, dit avoir obtenu le sommeil sans jamais constater une période d'agitation analogue à celle par laquelle débute le sommeil chloroformique [2]. Cependant Braid mentionne cette période, et nous l'avons constatée nous-même trois ou quatre fois avec agitation des membres, mouvements désordonnés des muscles de la face, paroles incohérentes témoignant d'hallucinations hypnagogiques. Finalement, les membres se raidissent, et, perdant leur spontanéité d'action, ils tombent dans ce laisser aller que nous avons décrit sous le nom de catalepsie. Les paupières ne se ferment pas

1. La respiration s'accélère au passage de l'état éveillé à l'état de sommeil, elle devient profonde et irrégulière, le pouls s'accélère aussi et devient plus fort. D'après les tracés pris par Tamburini et Seppili sur une femme de Modène âgée de vingt-huit ans et franchement hystéro-épileptique, la forme du pouls ne change pas, mais augmente de hauteur. (Voy. Tamburini et Seppili, *Contribuzione allo Studio sperimentale dell' ipnotismo* [*Rendiconti del R. Instituto Lombardo*, Milano, 1881].)

2. Lasègue, *Le braidisme* (*Revue des Deux-Mondes*, 15 octobre 1881).

toujours, et nous pourrons juger du succès de notre opération lorsque nous aurons obtenu l'immobilisation complète des yeux. « Tout malade, dit M. Lasègue, dont les globes oculaires s'agitent ne sera pas encore sous l'influence hypnotique. »

Non seulement, dans sa catalepsie, l'hypnotisé est apte à prendre la position qu'on lui donne, mais il la conserve indéfiniment sans ressentir la moindre fatigue. A l'état normal, nous ne pouvons tenir le bras étendu bien longtemps ; c'est une expérience vulgaire que de faire saisir entre les doigts un corps quelconque, même le plus léger, une plume par exemple, le bras étant en extension, et de le voir se plier après quelques minutes, dix ou quinze au maximum. Cependant il y a à ce sujet de l'état parfaitement éveillé, jusqu'à l'état inconscient de l'homme hypnotisé, des termes de passage. C'est ainsi que M. Verneuil cité par Azam [1] raconte que, en fixant un objet éloigné en haut et en arrière, il peut se mettre dans un état qui n'est pas le sommeil hypnotique, car la conscience du monde extérieur persiste, mais dans lequel il peut tenir le bras étendu horizontalement, *presque sans fatigue* pendant douze à quinze minutes.

M. Lasègue compare le cataleptisé à l'un de ces mannequins dont se servent les peintres en ma-

1. Voir L. Figuier, *Histoire du merveilleux*, t. III, p. 387.

nière de modèles. Et certes les artistes auraient de la peine à rencontrer un modèle plus docile pour prendre et conserver des heures durant les poses les plus variées. Ceci est d'autant plus vrai que, comme nous le verrons bientôt, la physionomie de l'hypnotisé prend par un phénomène de suggestion l'expression que comportent le geste et les allures dans lesquels on l'a placé et que son cerveau conçoit au même instant des idées en harmonie avec ces attitudes.

Du reste, l'immobilisation du corps à la suite d'une contemplation prolongée, d'une fixation du regard n'est pas nouvelle ; on l'avait obtenue expérimentalement longtemps avant Braid en opérant sur des animaux. Ce qui prouve bien, pour le dire en passant, que ce phénomène et ceux qui l'accompagnent ne sont pas toujours dus à la simulation ou à la supercherie, les animaux n'étant pas capables de pareilles tromperies. Ils pratiquent entre eux une sorte d'hypnotisme par ce que l'on a nommé la fascination du regard, action opérée, comme on le sait, par le serpent sur l'oiseau, par le chien de chasse sur le gibier, etc.

La première expérience de ce genre est ordinairement attribuée à un savant jésuite, le P. Kircher, le même qui inventa la lanterne magique ; il en tenait probablement la donnée d'un certain Daniel Schwinter, qui l'a publiée dans un livre paru à Nuremberg en 1636. Il remarqua que l'on réussit à immobiliser et mettre en catalepsie une poule en l'obligeant à fixer son regard pendant quelques instants sur une ligne blanche, un trait de craie par exemple, tracé sur le plancher au-devant de son bec. Depuis Kircher, les expériences se sont multipliées, et dans ces dernières années on a constaté que non seulement les gallinacés étaient en général plus propices que l'homme à l'hypnotisation, mais encore que la plupart des animaux pouvaient y être soumis avec succès. Prenez un animal quelconque, un chat, un oiseau, une grenouille, même une écrevisse, et, comme Czermack et Preyer [1] l'ont mis en évidence, vous réussirez à l'immobiliser, à condition de maintenir devant ses yeux la cause provocatrice un temps suffisant. Il est vrai qu'on obtient des résultats analogues par des procédés différents, par des frottements, des picotements, des pressions exercées en divers points du corps, en un mot par des excitations périphériques.

« J'ai souvent, dit le Dr Ladame, répété sur des grenouilles l'expérience décrite par M. Heubel dans les *Archives de Pflüger ;* mais je n'ai jamais cru à son hypothèse. M. Heubel pense que la torpeur de l'animal provient d'une absence d'exci-

1. PREYER, *Die Cataplexie und der thierische Hypnotismus* (*Sammlung physiol. Abhandl.*, 2e p., 1 Heft, Iena, 1878).

tation extérieure. Voici ce qui arrive quand on prend une grenouille et qu'on la tient une minute environ entre les doigts, le pouce sur le ventre et les quatre autres doigts sur le dos, sans la serrer. On voit d'abord les pattes postérieures se relâcher et s'allonger inertes et pendantes ; on peut alors les balancer et les secouer comme un objet privé de vie : il se produit une vraie paralysie des extrémités inférieures, ce qu'on nomme en médecine une paraplégie. Puis les extrémités supérieures se relâchent aussi, les coassements s'affaiblissent et se ralentissent. Finalement, quand on place la grenouille le ventre en l'air, sur la table, en ayant soin de retirer très doucement les doigts, elle reste immobile comme morte, dans une résolution musculaire complète, telle qu'on l'observe chez l'homme dans le sommeil hypnotique, et cela pendant un quart d'heure, une demi-heure, une heure et même davantage. Si l'on continue à l'exciter en lui chatouillant légèrement le dos avec le doigt, au lieu de la réveiller, comme cela devrait être si la théorie de M. Heubel était vraie, on la rend au contraire de plus en plus paralytique [1]. » M. Ch. Richet est du même avis. « L'opinion de M. Heubel, dit-il, est encore infir-

1. Dr P. Ladame, *La névrose hypnotique ou le magnétisme dévoilé*, Paris, 1881, Sandoz et Fischbacher, édit., p. 25. Heubel (E.), *Abhängigkeit des Machen Gehirn zustandes von äusseren Erregungen* (*Arch. de Pflüger*, 1877, t. XIV, p. 158).

mée par une expérience de Czermack, répétée par M. Preyer. Si l'on pince brusquement la queue d'un triton ou la patte d'une grenouille, l'animal devient subitement immobile, stupéfié, et cette stupeur dure quelquefois plusieurs minutes. Ainsi le sommeil est provoqué non par l'absence d'excitations périphériques, mais au contraire par une excitation forte. Il est difficile de trouver une théorie qui soit plus que celle de M. Heubel en désaccord avec les faits. La théorie de Heubel n'est donc pas admissible, et, au lieu de voir dans cette sorte de sommeil des grenouilles la conséquence d'une absence d'excitation, il faut y voir la conséquence d'un excès d'excitation. Il est probable que, sous l'influence des excitations périphériques, les parties du cerveau qui président à l'arrêt des actions réflexes et volontaires entrent en jeu et paralysent les parties sous-jacentes de la moelle épinière [1]. »

Preyer a voulu distinguer dans l'ouvrage que nous avons cité deux périodes dans l'hypnotisme des animaux, une période de cataplexie, causée par la frayeur, et celle d'hypnotisme proprement dit; mais ces deux périodes ne sont pas en réalité très différentes, et il est difficile de les caractériser isolément. Ajoutons que l'immobilisation des ani-

1. Ch. Richet, *Du somnambulisme provoqué* (*Revue philosophique*, t. X, p. 455, 1880).

maux dans ces derniers cas est indépendante de la fixation du regard dont nous avons d'abord parlé, car on peut l'obtenir aussi sur des animaux dont les nerfs optiques ont été coupés. On voit par conséquent que la question est assez obscure ; nous avons constaté des faits, l'avenir les expliquera ; les tentatives faites jusqu'à ce jour dans cette direction sont insuffisantes, car la connaissance de la physiologie du cerveau est trop incomplète encore pour toute la série animale.

A la catalepsie s'ajoute une hyperexcitabilité musculaire excessive, qui permet d'obtenir à volonté la contracture des muscles de la face ou du corps, comme dans le sommeil magnétique. Il suffit de frôler un muscle pour le contracturer, et cette expérience peut devenir dangereuse si l'on s'attaque aux muscles de la respiration, qui se contracturent aussi bien que les autres. En chatouillant de l'ongle les muscles qui donnent l'expression à la physionomie, on parvient à des résultats frappants, confirmant ceux obtenus jadis au moyen de l'électrircité par le Dr Duchenne (de Boulogne). Cette grande excitabilité s'étend au nerf moteur, et Richet et Brissaud ont montré que les muscles des hystériques se contracturent également lorsqu'on les tend fortement. On sait du reste, depuis Charcot et ses élèves à la Salpêtrière, que des vibrations rapidement répétées, celles du diapason par exemple, appliquées sur le muscle, conduisent aux mêmes résultats. Il y a là un degré de parenté entre l'hystérique et l'hypnotisé sur lequel nous aurons à revenir dans le chapitre suivant.

La catalepsie est accompagnée encore dans la plupart des cas d'anesthésie, et c'est cette particularité qui a fait employer à l'origine le procédé de Braid par quelques chirurgiens. Ce que j'ai dit à ce propos en parlant du magnétisme s'applique ici en tous points. Ces faits avaient été laissés dans l'oubli de la part des médecins, lorsque le retentissement qu'ont eu les curieuses études faites par M. le professeur Charcot à la Salpêtrière sur les femmes hystériques leur a donné une nouvelle actualité. Les journalistes, les romanciers, les législateurs et les savants leur ont enfin accordé une sérieuse attention, méritée par la fréquence de l'état morbide dont ils sont la conséquence. M. Charcot obtient ses résultats à coup sûr en opérant sur des malades déclarés et la relation des phénomènes provoqués, avec l'état de maladie ne peut faire l'objet d'aucun doute. « Il est rationnel d'admettre, dit M. Paul Richer, que les phénomènes d'hypnotisme qui dépendent toujours d'un trouble du fonctionnement régulier de l'organisme, demandent pour leur développement une prédisposition spéciale que d'un commun accord les auteurs placent dans la diathèse hystérique. En s'adressant aux hystériques les plus hystériques, on devra donc obtenir les phénomènes d'hypnotisme les plus marqués [1]. »

Abordons maintenant les phénomènes psychiques. Ils dérivent évidemment de circonstances analogues à celles qui se présentent dans la production des rêves qui accompagnent le sommeil normal, c'est-à-dire qu'ils peuvent être expliqués par la paralysie passagère de tout ou partie de la couche cérébrale cellulaire, paralysie qui produit la non-activité d'un nombre plus ou moins grand de facultés intellectuelles. Dans d'autres cas au contraire, ces mêmes régions du cerveau sont plus excitées, et les facultés qui leur correspondent sont exaltées. Et ici nous ne pouvons nous dissimuler que nous côtoyons le domaine de l'hypothèse; dans notre ardeur à nous rendre compte des faits constatés, nous faisons des suppositions qui demeureront sujettes à caution tant que nous ne connaîtrons pas par le menu le mécanisme de l'activité cérébrale. Quoi qu'il en soit, l'hypnotisé, de même que le magnétisé, se trouve pour ainsi dire à la merci intellectuellement de l'opérateur et des modifications physiques et mécaniques auxquelles il est exposé; son cerveau perd toute

1. P. Richer. *Études cliniques sur l'hystéro-épilepsie ou grande hystérie*, Paris, 1881, p. 361.

spontanéité ou ne la conserve que dans une étroite limite, il est réduit à l'état d'automate, c'est une machine qui répond aux impressions extérieures de sa manière propre, mais avec la fatalité des autres machines. La connaissance de ce singulier état intellectuel est de la première importance pour l'interprétation des miracles opérés par les magnétiseurs de profession dans leurs représentations.

Rien n'est plus facile par exemple que de provoquer des hallucinations : il suffit de suggérer au sujet l'idée d'un corps quelconque pour qu'il éprouve par hallucination les sensations auxquelles ce corps peut, dans la réalité, donner naissance. Les auteurs récents en ont cité un très grand nombre d'exemples. Un de mes camarades d'étude, jeune zoologiste de talent, que je soumettais indifféremment et toujours avec le même succès soit à la magnétisation (par les passes ou le pincement des pouces), soit à l'hypnotisation (en lui faisant fixer un petit médaillon d'or que je porte toujours sur moi [1]), non seulement voyait les objets dont je lui parlais, mais encore, étant plongé dans le sommeil, me faisait part d'impres-

1. M. Richet (*loc. cit.*, p. 369) paraît admettre que dans le sommeil hypnotique obtenu par la fixation du regard, les hallucinations sont plus difficiles à provoquer que dans le sommeil magnétique, obtenu par les passes. Je n'ai pas constaté de grandes différences à cet égard.

sions s'adressant à d'autres sens que le sens visuel et concordant toujours avec l'objet en question. Lui ayant dit de ramasser du café grillé dans une écuelle d'ailleurs absolument vide, il y vit non seulement par hallucination le café dont je lui avais suggéré l'idée, mais il me fit remarquer combien ce café sentait bon ; évidemment l'hallucination de la vue avait entraîné celle de l'olfaction, sans que j'eusse pensé à l'y provoquer. Une autre fois, lui ayant fait prendre dans la main un couteau à papier et lui ayant dit que c'était une cloche, il se mit à le frapper et remarqua spontanément que cette cloche imaginaire rendait le même son que celle qui sonnait l'*Angelus* dans son village natal. L'image des objets se présentant ainsi à son esprit y faisait entrer en même temps la conception des principales qualités de l'objet.

Tous les magnétiseurs savent avec quelle facilité on obtient de pareilles hallucinations sur les sujets qui ont servi déjà depuis longtemps. Il est important de remarquer, en effet, qu'elles deviennent de plus en plus promptes et certaines à mesure qu'on pratique davantage. C'est là une preuve ajoutée à beaucoup d'autres que, loin de guérir ou d'amoindrir la prédisposition hypnotique ou magnétique, la répétition d'expériences de cette nature ne fait que l'exagérer. J'ai bien pu le constater sur le jeune homme dont je viens de parler. Dans les premiers temps, alors que, pris lui-même d'un vif intérêt pour les études dites magnétiques, il m'autorisa à pratiquer sur lui, j'avais quelque peine à provoquer les phénomènes physiques fondamentaux et surtout les hallucinations. A l'heure qu'il est, non seulement je l'endors presque instantanément en le regardant fixement, mais je le transporte en imagination dans les pays où sa soif de connaître lui fait désirer de se rendre pendant l'état normal; je lui fais voir les plantes et les animaux les plus curieux que les naturalistes voyageurs nous en ont fait connaître, et même je puis lui donner l'hallucination de dissections sur ces animaux ou ces plantes, telles que celles auxquelles il est habitué par ses travaux de laboratoire.

Dans le sommeil hypnotique, ces hallucinations se produisent quelquefois spontanément, et alors elles sont, comme dans le rêve, des réminiscences de l'état de veille. Une jeune fille que j'ai eu l'occasion d'hypnotiser à quatre reprises me fit part, étant endormie, de visions dont elle perdait le souvenir au réveil, mais qu'elle m'avouait lorsque je les lui racontais avoir précisément éprouvées en rêve pendant le sommeil normal la nuit précédente.

Ce n'est pas ici le lieu d'entrer dans beaucoup

de détails. Je tiens cependant à rapporter quelques exemples analogues observés par les auteurs. M. Ch. Richet, dont les importants travaux m'ont rendu attentif il y a quelques années à ces phénomènes, cite le cas d'une malade qu'il a observée à l'hôpital Beaujon et qui, lorsqu'il lui disait : « Venez avec moi; nous allons sortir et voyager! » décrivait successivement les endroits par où elle passait, les corridors de l'hôpital, les rues qu'elle traversait pour se rendre à la gare; et, comme elle connaissait tous ces endroits, elle indiquait avec assez d'exactitude les détails des lieux que son imagination et sa mémoire, également surexcitées, lui représentaient sous une forme réelle. Puis, brusquement, on pouvait la transporter dans un site éloigné qu'elle ne connaissait pas, au lac de Côme par exemple, ou dans les régions glacées du Nord. Son imagination, livrée à elle-même, s'abandonnait alors à des conceptions qui ne manquaient pas de charme et qui intéressaient toujours par leur apparente précision ; on était surpris par la vivacité avec laquelle elle percevait ces sensations imaginaires.

« C'est toujours avec étonnement, ajoute M. Richet, que j'ai constaté la vivacité d'impression des sujets endormis. Ainsi je disais à mon ami F... : « Viens avec moi, nous allons partir en ballon. Nous montons, nous sommes dans la lune! » Et, à mesure que je parlais, il voyait les péripéties de ce fantastique voyage. Tout d'un coup, il éclata de rire. « Vois donc, me dit-il, cette grosse boule brillante qui est là-bas! » C'était la terre que son imagination lui représentait. Il voyait aussi des bêtes fantastiques, et comme j'annonçais vouloir les ramener avec moi : « Je te reconnais bien là, disait-il; tu ne sais seulement pas comment nous ferons pour redescendre et tu veux te charger de ces gros animaux-là... » Il disait cela très sérieusement et se fâchait tout de bon. « Prends-les si tu veux, répétait-il; moi, je ne veux pas m'en embarrasser. » Néanmoins, il se rendait compte de l'étrangeté de ces visions : « Quel beau récit de voyage à faire! mais, par malheur, on ne nous croira pas. » Lorsqu'il se fut agi de redescendre, j'imaginai de tendre une ficelle et de nous laisser choir sur la terre le long de cette ficelle tenue par la main. Pendant cette dangereuse excursion, il m'arrêta tout d'un coup, en me disant que la ficelle lui brûlait les mains. Ce qui l'empêchait de douter de tous ces rêves, c'est qu'ils se présentaient à lui sous la forme d'images et de faits. De même qu'un halluciné ne peut mettre en doute les assemblages que construit son cerveau malade, de même un somnambule ne peut douter des rêves qui apparaissent à lui sous une forme sensible[1]. »

1. Ch. Richet, *loc. cit.* (*Revue philosophique*. t. X. 1880).

Cette merveilleuse plasticité du cerveau à admettre les impressions venues du dehors avec une crédulité à toute épreuve et à y répondre avec une certaine logique surprend quiconque les constate pour la première fois, et l'on comprend à quel degré les magnétiseurs peuvent frapper l'imagination populaire en exposant sans explication préalable des sujets aux expériences publiques. L'activité cérébrale n'est pas tout à fait détruite; mais elle a besoin pour se manifester d'une impulsion qui lui fournit la matière sur laquelle elle va travailler, et il n'est pas d'idée baroque ou insensée, comme nous venons de le voir par l'exemple cité de M. Richet, qui ne puisse devenir l'origine de réflexions justes et logiques.

Un éminent physiologiste M. le professeur Heidenhain, de Breslau, a fait un grand nombre d'observations scientifiques sur l'hypnotisme, à l'occasion des représentations données dans plusieurs villes d'Allemagne par le fameux magnétiseur Hansen. Voici une de ses observations, telle que la rapporte le Dr Ladame dans l'excellent petit livre que nous avons cité; elle ressemble à l'une de celles que j'ai mentionnées plus haut :

« Ayant hypnotisé un étudiant en médecine, M. Heidenhain le conduisit par la pensée à la salle d'anatomie et lui fit croire qu'il disséquait un cadavre. L'étudiant, qui avait la vision bien distincte de son opération, offrit alors aux personnes qui étaient présentes un spectacle singulier. On le vit exécuter lentement, mais avec la plus grande précision, tous les mouvements qu'exigent l'ouverture d'un corps et la dissection des organes. Puis le professeur le fit sortir de l'anatomie et le conduisit, toujours par la pensée, au jardin zoologique de la ville. Là, après une petite promenade agréable, Heidenhain fit croire tout à coup à son étudiant que les lions s'étaient échappés. Tous ceux qui purent assister à ce moment à la pantomime de l'étudiant épouvanté et voir l'expression de terreur panique que prit sa physionomie ne doutèrent pas un seul instant de la réalité de l'hallucination qu'il avait sous les yeux. Pour éloigner cette vision effrayante, le professeur annonça qu'on allait tuer les lions et imita le bruit des coups de fusil; mais l'angoisse de l'étudiant hypnotisé était si forte qu'il en tremblait de tout son corps. Après le réveil, il conserva un certain temps la sensation du frisson, et pendant dix minutes environ il se plaignit de sensations désagréables dans les membres. Cette même hallucination se répéta le soir d'elle-même, quand on soumit l'étudiant à une nouvelle hypnotisation, et le malheureux eut pour la troisième fois, la nuit suivante, le même rêve terrifiant dans son sommeil naturel [1]. »

1. Dr Ladame, *loc. cit.*, p. 88.

Il y a là évidemment une exagération de l'hallucination hypnagogique que nous avons mentionnée en traitant du sommeil ; toutefois le rêve provoqué chez l'hypnotisé et celui provoqué chez le dormeur normal sont différents par ce fait fondamental que le premier est conscient tant que dure le sommeil. L'hypnotisé sait qu'il est endormi, il l'avoue lorsqu'on le questionne à cet égard, et il répond assez bien aux demandes qu'on lui adresse pour pouvoir soutenir une conversation, ce qui n'est pas le cas, comme chacun le sait pour le simple dormeur. L'hallucination entraîne encore des sensations douloureuses ou désagréables aussi bien que les autres, et l'on peut, en dirigeant convenablement la conversation, amener les sujets à ressentir des douleurs dans les points du corps qu'on lui signale. Le champ d'action est pour ainsi dire illimité, ce qu'on voit dans les salles de la Salpêtrière dépasse à ce point de vue tout ce que peut rêver l'imagination la plus vive, et l'on peut expliquer ainsi les différentes sensations du soi-disant fluide magnétique signalées depuis longtemps par les différentes somnambules.

Ici se rattachent les suggestions provoquées par l'attitude que l'on donne au sujet ; nous en reparlerons dans le chapitre suivant, car, à l'exception de l'extase, je n'ai jamais pu produire de jeux de physionomie et d'hallucinations correspondantes chez des sujets qui n'étaient pas franchement hystériques.

Il n'en est pas de même de l'excitation de la sensibilité morale. Un jeune homme de ma connaissance, attiré depuis quelques années dans les salles de représentations magnétiques et qui s'endort très facilement à l'heure qu'il est par la fixation du regard, est particulièrement apte dans son sommeil à recevoir l'impression morale de la tristesse. Je lui appris un jour qu'un de ses amis intimes venait de succomber à la diphthérie après avoir soigné un enfant diphthéritique dans un hôpital. Aussitôt il se mit à plaindre, puis à pleurer à chaudes larmes, ce qu'il n'aurait pas fait certainement à l'état normal. Une autre fois, il s'inquiétait du sort de marins dont j'avais introduit l'idée dans la conversation et s'apitoya dans des termes exprimant le plus vif chagrin lorsque je lui eus dit qu'ils étaient morts en mer pendant un orage. A son réveil, cette mélancolie durait pendant quelques heures sans qu'il sût s'en rendre compte, ayant perdu le souvenir du récit que je lui avais fait.

Ceci m'amène à parler de la mémoire. En général comme nous l'avons dit, elle ne conserve pas le souvenir des faits qui se sont passés pendant le sommeil. Cependant l'impression reçue ne disparaît pas complètement au réveil, et comme tous les auteurs l'ont constaté, il est possible de provoquer ce souvenir en mettant le sujet sur la voie. Ce point ayant une grande importance et ayant été traité magistralement par MM. Heidenhain et Ch. Richet [1], nous renvoyons le lecteur aux mémoires cités de ces deux savants éminents. Notons seulement que les sujets fréquemment hypnotisés se rappellent dans chaque nouveau sommeil hypnotique ce qu'ils ont éprouvé dans les sommeils antérieurs, absolument comme c'est le cas de Félida X...., dont nous avons parlé, lorsqu'elle tombe dans son second état. Il est des personnes qui, ayant pris goût à l'hypnotisme, se font endormir chaque jour et à plusieurs reprises par jour, sous prétexte de soulager des maux le plus souvent imaginaires, et qui passent ainsi une fraction assez considérable de leur existence. Une dame se fait magnétiser durant une heure et demie à deux heures tous les jours, et cela depuis neuf ans ; elle est l'objet actuellement de singulières réminiscences d'hallucinations qui l'ont hantée autrefois au début de cette pratique. Une autre femme qui a débuté à l'âge de quatorze ans trouve un grand plaisir à être hypnotisée, parce qu'elle revoit avec délices depuis plusieurs années dans

1. Voir aussi TH. RIBOT, *Les maladies de la mémoire*, 1 vol. de la *Bibliothèque de philosophie contemporaine*.

son sommeil un jeune homme imaginaire auquel elle a donné son cœur et qui lui est apparu la première fois à la suite d'une hallucination provoquée. Je tiens du magnétiseur lui-même la connaissance de ce cas; ce fut lui qui lui parla un jour, alors qu'il l'avait endormie, d'un beau jeune homme avec des yeux noirs perçants qui se mourait d'amour pour elle. Elle fut prise immédiatement de pitié et d'amour, le vit aussitôt en hallucination, et, le magnétiseur lui ayant plusieurs fois remis cette idée dans la tête, elle se présenta dès lors spontanément à elle. Cette qualité des « yeux noirs perçants » donnée la première au jeune homme est tellement perçue dans l'hallucination que la femme parle du regard de son amant, même à l'état de veille, car à la longue, son entourage lui ayant souvent parlé du jeune homme rêvé, elle s'en est souvenue et en a causé à l'état normal.

Quant à la perte partielle de la mémoire, l'oubli de certains faits particuliers si exploités par les magnétiseurs et qui étonnent si vivement leur public, on ne peut pas l'attribuer complètement à la simulation. C'est là du moins l'opinion de M. Richet, qui reconnaît en outre qu'il n'est pas possible d'en fournir la preuve positive. Il suffit pour cela de dire à un bon sujet qu'il ne peut pas se souvenir de tel ou tel événement, ou d'une langue ou d'une connaissance quelconque, pourqu'il avoue qu'en effet il en a perdu le souvenir. C'est là un point que je n'ai jamais constaté en dehors des sujets dressés aux magnétisations publiques, et je n'ai pas pu produire cet oubli passager sur les personnes qu'il m'a été donné de magnétiser. Il faut remarquer en outre que l'éducation du sujet doit jouer un rôle capital dans cette expérience. Un magnétisé polyglotte, auquel on dit qu'il a perdu la connaissance de l'allemand, l'oublie momentanément par automatisme, par défaut de réaction, en suivant cette impulsion reçue. En résumé, c'est l'automatisme qui domine la scène, comme le dit M. Richet; grâce à lui, toute l'intelligence est devenue l'esclave des idées qu'on fait naître, et, si l'on donne au sujet l'idée qu'il a perdu la mémoire même complètement, il se comporte comme si cela était arrivé.

Je ne puis penser à énumérer tous les phénomènes merveilleux qui sont dus à l'automatisme. J'ai tenu seulement à appeler l'attention du lecteur sur cette classe de phénomènes, qui sont loin encore d'être complètement élucidés, mais qui le seront certainement un jour, à mesure que la physiologie du système nerveux fera plus de progrès.

Rôle de l'imagination. — La facilité d'exalter la faculté de former des images chez les sujets endormis fait jouer à l'imagination un rôle immense dans les phénomènes dont nous nous occupons. C'est à l'imagination que les premiers observateurs critiques rapportaient les faits les plus merveilleux. C'est elle que Bailly place au premier rang dans son rapport présenté au nom de la commission royale [1], nommée le 12 mars 1784 dans le but d'étudier les faits annoncés par Mesmer et les premiers magnétiseurs.

Bailly rapporte des cas de magnétisation obtenue en l'absence de tout magnétiseur, alors qu'il n'était dans tous les cas pas possible d'attribuer le sommeil à un fluide émané d'un être humain. On faisait croire au sujet à la présence réelle d'un certain magnétiseur, alors que ce dernier ne se doutait même pas de la chose. — Dans une expérience inverse, le même sujet n'éprouvait rien d'anormal lorsque le magnétiseur opérait sur lui, *à son insu*. Des faits analogues se présentent à tout instant de nos jours encore. J'en citerai un exemple tout à l'heure, mais il est intéressant de constater à quel point l'imagination est puissante même chez les personnes normales. La crédulité de l'homme est infinie, à condition qu'elle soit habilement exploitée. Nous sommes tous portés plus ou moins à accorder notre confiance, notre

1. Cette commission se composait de cinq membres de l'Académie des sciences : Franklin, Le Roy, Bailly, de Bory et Lavoisier ; quatre faisaient partie de la Faculté de médecine, Borie, Sallin, d'Arcet et Guillotin.

foi à un individu qui sait, par de beaux discours et le mystère dont il s'entoure, exercer sur nous un prestige intellectuel ou émotionnel. C'est pourquoi il faut nous armer de beaucoup de scepticisme, lorsque nous avons à faire à un magnétiseur de profession. Il est étonnant combien même les personnes qui ont fait des études scientifiques peuvent se laisser entraîner parfois par l'étrangeté apparente de certains phénomènes.

Prenez dix individus au hasard dans une société (il est constant que les femmes sont plus propices que les hommes à ce genre d'expériences) et sur lesquels vous vous sentirez un certain ascendant moral ou intellectuel. Persuadez-leur que, dans certaines circonstances que vous leur indiquez, ils doivent éprouver une sensation quelconque ; si vous êtes habile causeur, vous constaterez que plus de la moitié de ces personnes éprouveront la sensation annoncée, alors qu'aucune action physique extérieure ne sera réellement intervenue. Ce sont là de remarquables hallucinations provoquées chez l'homme normal et éveillé, qui peuvent atteindre les sens spéciaux aussi bien que la sensibilité générale et qui sont intéressantes comme points de départ des hallucinations chez l'homme endormi.

Je possède là-dessus un matériel d'observations assez considérable dont je donnerai ici quelques exemples. On me pardonnera les moyens charlatanesques que j'ai employés, en raison de l'intérêt des résultats obtenus. Voici d'abord l'expérience dite de la carte magnétisée.

Je prends huit cartes quelconques dans un jeu et je les dispose sur la table selon une certaine figure qui correspond à la figure humaine (une carte pour le front, deux cartes pour les yeux, une pour le nez, une pour la bouche, deux pour les oreilles, une pour le menton) de la manière suivante :

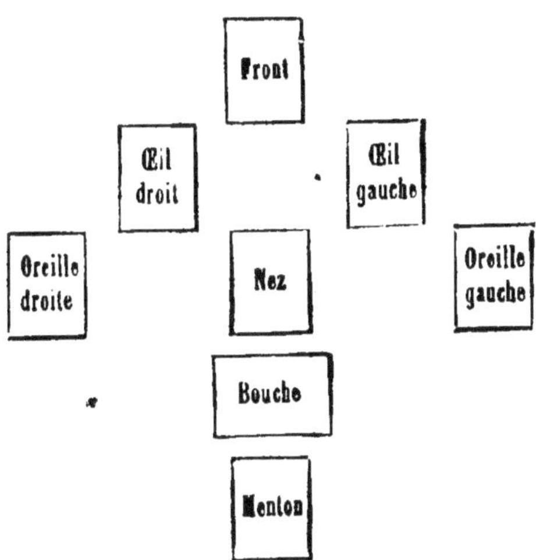

Puis, après les avoir toutes touchées, « afin de les bien imprégner de *mon fluide* », je simule de me mettre en relation magnétique avec une personne de la société, je lui serre vivement la main ou je fais quelque autre simagrée de même ordre.

Je sors ensuite de la chambre, et je prie cette personne de bien vouloir toucher pendant mon absence *une* des cartes de la figure. Je rentre alors, et aussitôt mon compère (car il faut un compère) me signale la carte touchée en se grattant, sans que personne y prenne garde, la partie correspondante de sa propre figure. Etant alors sûr de mon fait, je commence une innocente comédie qui consiste à passer attentivement la main sur toutes les cartes sans les toucher et finalement à frapper vivement, comme si j'avais été attiré par une forte secousse (on peut varier ici à l'infini la prétendue sensation révélatrice, dire que l'on ressent un choc, un picotement, un refroidissement, etc.), sur la carte touchée par la personne magnétisée. — Chacun est naturellement étonné du succès remporté. « Comment, est-il possible vraiment que le fait d'avoir posé les doigts sur cette carte ait suffi en un instant pour lui communiquer une pareille propriété? — Veuillez donc essayer à votre tour. — Je fais alors sortir la personne, et naturellement je ne touche aucune carte, tout en lui assurant à son retour en avoir magnétisé une. — Eh bien, elle imite la recherche qu'elle m'a vu faire, elle est attentive à la sensation annoncée, et, neuf fois sur dix, elle signale une carte, disant qu'elle a éprouvé la secousse, la démangeaison, etc., dont on l'avait prévenue.

— Si chacune des personnes présentes s'accorde à témoigner que la carte qui lui a fourni la sensation imaginaire est bien celle que je suis sensé avoir touchée, le sujet se persuade dans son idée, et on peut lui faire recommencer avec un succès toujours croissant la même expérience. — Ce dernier point est important (l'éducation du sujet joue un rôle de premier ordre). A la dixième reprise, j'ai vu des personnes signaler la carte sans tâtonnement, au premier coup, avouant y avoir été très vivement attirée, etc.

Voici donc une expérience très simple et très instructive, que l'on peut varier de mille manières différentes selon l'ingéniosité de l'opérateur. Elle donne la preuve qu'il est possible de provoquer de véritables hallucinations chez l'homme normal. — Je l'ai faite telle que je viens de l'exposer, sur 85 personnes, la plupart instruites et adonnées à des travaux scientifiques, peu portées par conséquent à une crédulité excessive. Sur ce nombre, 9 seulement ont refusé de signaler une carte, disant que réellement et malgré l'attention qu'elles y portaient, elles ne *sentaient* absolument rien sur aucune des cartes. Les 76 autres se divisent en deux groupes : 53 ont répondu qu'elles avaient éprouvé exactement, avec plus ou moins d'intensité cependant, la sensation annoncée, et 23, auxquelles j'avais annoncé une sensation *quelconque*, sans la spécifier, se sont montrées très fertiles en appréciations diverses. C'est même dans cette dernière catégorie que l'on obtient les résultats les plus étonnants. Une demoiselle de vingt-un ans (dont je ne connais pas les antécédents) a signalé une carte, disant qu'en passant la main au-dessus elle avait éprouvé « un grand frisson dans le dos, comme si on lui avait frotté la peau en dedans »; une autre jeune fille à peu près du même âge, et que ses parents m'ont assuré avoir toujours été en parfaite santé nerveuse, est presque tombée en arrière, comme succombant à une violente répulsion, en passant sur une carte, croyant également que je l'avais magnétisée (je lui avais annoncé que la carte se signalait tantôt par une attraction, tantôt par une répulsion). — Un jeune homme de dix-neuf ans a signalé la carte, disant qu'en passant la main au-dessus trois de ses doigts avaient été paralysés, raidis, « comme si on les eût enveloppés d'une ficelle », etc., etc. Je pourrais multiplier les exemples. Un de mes collègues, opérant sur une jeune fille qui avait fréquenté les réunions magnétiques, a réussi de cette manière à lui donner une véritable crise de nerfs, et c'est ainsi que l'on rentre dans les cas de sommeil magnétique.

J'ai eu l'avantage d'assister l'an dernier aux expériences faites dans le grand amphithéâtre de l'école de médecine de Genève par MM. Strohl et

Dr Ladame sur deux jeunes garçons épileptiques, deux excellents sujets. Ayant annoncé à l'un d'eux qu'il magnétisait une carte, la dame de cœur, alors qu'en réalité il tenait dans la main le roi de trèfle, le jeune homme, étalant peu après les cartes devant lui, s'endormit subitement en voyant la susdite dame de cœur, qui n'avait pas même passé par les mains des magnétiseurs. On sait du reste, dans cette catégorie de faits, les succès obtenus avec l'eau magnétisée, l'arbre magnétisé, etc.

Chez l'homme normal et éveillé, nous avons donc, sous une forme embryonnaire pour ainsi dire, la possibilité de provoquer des hallucinations. Celles de l'odorat sont très frappantes aussi.

On prend trois ou quatre pièces de monnaie avec des effigies différentes afin de les reconnaître plus facilement, puis, après avoir simulé des passes sur le nez, on se fait fort, « le magnétisme ayant la propriété d'exalter la sensibilité du nerf olfactif, » de reconnaître une pièce touchée par une personne de la société pendant que l'on est absent, et cela grâce à « l'odeur » qu'elle y aura laissée. On prie donc une personne de toucher une des pièces, de la serrer même quelques instants dans la main. Lorsqu'on rentre, on se hâte, tout en causant d'autre chose afin de détourner l'attention des spectateurs, de saisir toutes les pièces les unes après les autres. La pièce touchée est réellement reconnaissable par la différence de température (ce qui dispense d'un compère), mais on simule de les approcher du nez en les flairant les unes après les autres, jusqu'à ce qu'on soit arrivé à la bonne. Si l'on qualifie l'odeur, on est certain de la faire sentir aux personnes sur lesquelles on répète l'expérience ; si on ne la qualifie pas, elles le font elles-mêmes, et cela quelquefois avec une grande richesse de détails. — Je l'ai constaté sur 28 personnes, dont 19 ont répondu qu'elles avaient parfaitement et très distinctement senti une certaine odeur sur la pièce de monnaie, qui, comme dans l'expérience de la carte, n'avait en aucune manière été spécialement touchée.

Nul doute que les hallucinations de la vue et de l'ouïe ne puissent être provoquées par des procédés analogues ; mais je n'ai pas trouvé jusqu'ici une méthode aussi bonne que les précédentes pour y parvenir. J'en ai essayé plusieurs qu'il serait trop long de rapporter ici. Le mieux encore est de revenir au tour de la carte magnétisée et d'annoncer que la carte est indiquée par un bruit ou un mouvement. Quatre personnes que j'avais mises sur cette voie ont *distinctement* entendu une des cartes de la figure répandre « comme un bourdonnement », et neuf autres personnes l'ont vue « *bouger* » en la regardant fixement. — On sait du reste qu'il suffit dans une réunion d'affirmer que l'on sonne les cloches pour qu'une fraction des personnes présentes les entendent sonner, ou bien d'annoncer pour une certaine heure tel phénomène céleste ou autre sur lequel on donne des détails circonstanciés pour qu'à l'heure dite les gens à imagination voient le soi-disant phénomène.

N'a-t-on pas vu des gens mourir au jour et à l'heure auxquels on leur avait prédit la fin du monde? et n'a-t-on pas constaté en 1750, à Copenhague, le fait suivant, raconté par Figuier? « Voulant éprouver les effets de l'imagination, quelques médecins obtinrent qu'un criminel condamné au supplice de la roue périrait par un autre moyen, par l'épuisement du sang. — Après l'avoir conduit, les yeux bandés, dans la pièce où il devait mourir, on pique le patient aux bras et aux jambes. Le sang coule avec un bruit régulier; bientôt le patient est pris de sueurs froides, de syncopes, de convulsions, et il meurt au bout de deux heures et demie..... Or il n'y avait pas eu de saignée; on avait seulement piqué les bras et les jambes du condamné, et de l'eau s'écoulant de quatre robinets avait simulé le bruit du sang tombant dans des bassins. La mort de ce malheureux était donc un effet de son imagination [1]. »

C'est par l'imagination conduisant à une série

1. L. Figuier, *loc. cit.*, p. 341.

de sensations auxquelles on s'attend par avance que l'on peut expliquer l'action à distance.

De l'action à distance. — On en a fait beaucoup de bruit, et on l'enseigne communément dans les traités sur le magnétisme. Cependant on ne l'a pas constatée scientifiquement, malgré le témoignage de personnes évidemment de bonne foi. M. Ch. Richet, qui a étudié la question sans prévention et dans un esprit éminemment scientifique, n'ose pas l'admettre, tout en convenant cependant que nous ne devons pas la nier absolument.

J'ai proposé sans succès à quelques magnétiseurs se disant posséder beaucoup de fluide une expérience simple et concluante. Si le fluide peut agir à toute distance, il faudrait, à une certaine heure exactement fixée, le faire agir sur un certain nombre de personnes *non prévenues* et auprès desquelles on aurait eu soin de placer des témoins dignes de foi. Si, à l'heure exacte où l'opérateur magnétiserait, émettrait du fluide, ces personnes sont prises de sommeil, on pourrait en conclure à la présence d'une force nouvelle. — Mais le fait qu'une seule personne à tempérament magnétique ayant été déjà plusieurs fois magnétisée vienne à s'endormir alors que quelque part un magnétiseur lui envoie du fluide peut être toujours expliqué par les sceptiques comme une simple coïncidence. Je dois dire que, même sous cette dernière forme, je n'ai jamais été assez heureux pour constater trace d'action à distance, et ce que j'ai vu faire à ce propos par les magnétiseurs de profession ne m'a jamais paru être concluant. Il faut appliquer absolument à ces recherches une méthode sévère et ne pas se contenter, comme le fait le grand public, d'un à peu près. M. Morin, magnétiseur émérite, qui a publié un livre fort bien fait sur le magnétisme et les sciences occultes, raconte l'expérience suivante : M. N...., nous assurait, dit-il, que tous les soirs, en son domicile, situé rue des Vieux-Augustins (à Paris), il magnétisait et mettait en somnambulisme sa belle-fille, demeurant boulevard de l'Hôpital. Cette jeune personne, étant en somnambulisme, nous confirma cette déclaration et ajouta que, quand elle était chaque soir dans cet état, elle voyait venir à elle le fluide de M. N., qui se dirigeait en ligne droite à travers les bâtiments et parcourait en cinq minutes le trajet entre les deux domiciles (cette vitesse est, comme on le voit, bien inférieure à celle de la lumière et de l'électricité). La commission se divisa en deux sections qui se rendirent le même jour et à la même heure, l'une chez M. N...., et l'autre chez la demoiselle. Il avait été convenu d'avance entre elles que la première section choisirait comme bon lui semblerait les moments où elle inviterait le magnétiseur à agir, d'abord pour endormir le sujet, ensuite pour l'éveiller; et que la seconde se bornerait à constater ce qui se passerait chez la demoiselle. Il eût été même à désirer que celle-ci ignorât qu'il s'agissait d'expériences dont elle était le sujet; mais les commissaires ont été obligés de l'informer de ce dont il s'agissait pour expliquer leur visite chez elle; mais ni elle ni les commissaires qui se tenaient auprès d'elle ne savaient à quel moment aurait lieu la magnétisation. Seulement la demoiselle savait qu'elle allait être magnétisée. Elle prit part à la conversation avec une apparente liberté d'esprit. Au bout d'un certain temps, elle offrit les symptômes précurseurs du sommeil magnétique et elle s'endormit. Interrogée dans cet état, elle déclara voir ce qui se passait chez M. N...., et distingua nettement le courant fluidique qui venait de lui à elle. Les commissaires restèrent neutres et inactifs; elle se réveilla d'elle-même, puis une heure après eut un second accès de somnambulisme, et enfin elle se réveilla. On nota exactement le commencement et la fin de chaque sommeil. Pendant ce temps, M. N...., sur l'invitation de l'autre section, avait une seule fois magnétisé, puis démagnétisé pour réveiller; mais ces deux opérations avaient eu lieu précisement dans l'intervalle qui s'était écoulé entre les deux sommeils de la demoiselle. Ainsi elle s'était deux fois endormie et réveillée sans qu'on la magnétisât ; et, quand on l'a réellement magnétisée, elle n'a rien ressenti. Il est donc encore évident que l'imagination a tout fait [1].

M. Morin, qui a beaucoup vécu avec les magnétiseurs, qui a collaboré au *Journal du magnétisme*, et dont le traité excellent est rempli de faits importants, avoue qu'on ne peut invoquer aucun fait authentique et convenablement observé où se soit manifesté le prétendu pouvoir magnétique s'exerçant à la volonté du magnétiseur et à l'insu du magnétisé.

Si je ne m'étais pas interdit d'aborder la question médicale, je pourrais puiser une ample moisson d'exemples parmi les faits prodigieux de guérison à distance, soit que le magnétiseur auquel on les attribue ait envoyé du fluide au malade, soit qu'il ait oublié de le faire, ce qui dans ce dernier cas revient absolument au même. — Quelques médecins ne croyant pas au fluide et ne sachant en aucune manière magnétiser, ont obtenu des résultats étonnants sur des clients crédules auxquels ils annonçaient qu'ils seraient magnétisés à distance à une certaine heure.

Sans nous étendre davantage sur ce point, nous appellerons en terminant l'attention du lecteur sur l'importance qu'il y a à connaître les quelques

1. R. S. Morin, *Du magnétisme et des sciences occultes*, in-8, 1860, p. 37.

faits que nous venons de citer pour apprécier sainement ceux dont les magnétiseurs pourraient les rendre témoins.

Un certain nombre de personnes, rendues justement sceptiques par les fraudes sans nombre et les supercheries dont font usage quelques magnétiseurs, sont portées à attribuer tous les phénomènes dits magnétiques à la simulation. De ce qu'on a réussi à imiter dans une certaine mesure l'anesthésie, la raideur musculaire et quelques autres phénomènes du même genre, il ne s'ensuit pas que ces phénomènes n'existent pas en eux-mêmes. Il ne faut pas, en combattant le magnétisme, dépasser le but en voulant trop l'atteindre. Il est certain, et tous les observateurs sont d'accord sur ce point, qu'il est extrêmement difficile dans les hôpitaux, où opèrent ordinairement les médecins, de se mettre à l'abri de la simulation des malades. Dans beaucoup de cas, ces derniers, ennuyés de la pratique à laquelle on les soumet, simulent le sommeil pour en avoir plus vite fini avec l'opérateur ou simulent différents effets pour l'induire en erreur. Cette simulation est surtout le fait des vieux habitués des hôpitaux, qui, ayant vu toutes sortes de manifestations de la part des somnambules, des hystériques etc., les répètent sans autre but souvent que de s'amuser. L'imitation est très générale, elle est entraînante; il suffit même dans une réunion publique que, sous l'action de la musique « magnétisée » par exemple, une ou deux personnes se soient endormies en proférant des plaintes plus ou moins bruyantes, pour qu'aussitôt d'autres personnes les imitent. C'est pourquoi, pour le dire en passant, il est assez délicat et peu prudent d'opérer sur des sujets devant un grand auditoire. Du reste, il est difficile de raisonner ces pauvres gens qui imitent d'une manière inconsciente ; on ne peut pas les retenir, on ne peut pas les empêcher, et il faut se prémunir contre cette cause d'erreur.

Mais, malgré les beaux résultats obtenus dernièrement en fait de simulation, il faut insister sur la réalité et la constance des phénomènes dont il s'agit. M. Richet a particulièrement appuyé sur ce point. Il se demande si l'on peut raisonnablement soupçonner ruse et simulation chez des personnes qui n'ont jamais été magnétisées, qui n'ont jamais assisté à des crises somnambuliques et qui viennent de la campagne pour se faire soigner dans les hôpitaux ; il serait en tout cas fort singulier que les phénomènes auxquels elles donnent naissance soient tous si exactement semblables que ceux observés de nos jours par M. Charcot et ses élèves ne diffèrent pas essentiellement de ceux décrits autrefois par de Puységur. — Il s'agit nécessairement de distinguer les faits positifs étudiés dans les laboratoires par les médecins, des faits extrêmement douteux et inconstants exhibés par les magnétiseurs dans les séances publiques. — Ces derniers ont tout intérêt à émerveiller les assistants, afin d'en attirer un plus grand nombre parmi leurs adeptes. On sait qu'ils ne négligent rien en général pour y parvenir.

« On ne peut pas trouver la preuve absolue du somnambulisme artificiel, dit M. Richet ; mais on peut accumuler les preuves pour démontrer l'absurdité de l'hypothèse d'une simulation constante et se répétant depuis cinquante ans dans toute l'Europe avec les mêmes phénomènes. Toutes les fois que j'ai pu, d'une manière un peu suivie, faire assister un de mes collègues à ces expériences, il a été tout à fait convaincu. En étudiant le sommeil magnétique comme une maladie, je l'ai toujours trouvé identique avec lui-même, avec une période de début, une période d'état et une période critique, des symptômes fondamentaux et constants, et des symptômes accessoires ou inconstants. *C'est le rapport intime qui réunit la névropathie magnétique au sommeil naturel et aux troubles divers de l'innervation centrale qu'il importe de bien mettre en lumière, en insistant autant sur les différences que sur les analogies* [1]. »

1. Ces dernières lignes ne sont pas soulignée dans l'original.

On ne comprend pas, après des paroles aussi précises et après les travaux nombreux qui ont été publiés dans ces dernières années, comment les magnétiseurs ont encore l'audace de se plaindre de ce que les médecins nient en aveugles et systématiquement les phénomènes auxquels ils donnent naissance. Je me rallie pour ma part entièrement à la manière de voir du savant professeur de l'Ecole de médecine de Paris; je crois à la réalité des faits du somnambulisme et du magnétisme, non seulement pour les avoir vu produire, mais pour les avoir produits moi-même. Je suis convaincu qu'ils sont dus à une prédisposition morbide et qu'ils doivent rentrer dans le cadre des études pathologiques, en étant observés par des hommes instruits, habitués aux recherches scientifiques. On réussira sans doute à les expliquer plus tard par des altérations physiques du cerveau, altérations qu'on n'a pas su découvrir jusqu'à présent. Je pense en outre qu'il est déplorable de voir exhiber en dehors d'un public scientifique ces pauvres malades inconscients par leur affection même de ce qu'ils font et des théories insensées qu'ils servent bien innocemment à soutenir.

Il est malheureux que des individus qui ne connaissent pas l'anatomie et la physiologie de l'homme travaillent sur ces êtres anormaux qu'ils appellent de bons sujets. Entre leurs mains, ils sont évidemment exposés à des accidents, et en outre ils sont absolument inutiles, puisque depuis un siècle les magnétiseurs réduits à leurs seules ressources en sont encore à peu près au même point que du temps de Mesmer. « Savoir les dispositions nerveuses d'un individu, dit le Dr Lasègue, n'est pas chose toujours facile. Les médecins seuls pourraient instituer sur les sujets une enquête rétrospective; mais, quand ils sont devenus hypnotiseurs ou magnétiseurs, la plupart ont cessé d'être médecins. L'important pour eux est d'évoquer un état qui touche au merveilleux; les considérations accessoires nuiraient à l'éclat du fait fondamental [1]. » — C'est précisément l'enquête médicale demandée par le Dr Lasègue qui est le point important sur lequel nous devons porter la plus grande attention.

Et puis, nous devons en terminant revenir sur l'influence qu'exerce la magnétisation sur les sujets. Ils se fait là une véritable éducation accumulative; un individu qui n'a jamais été magnétisé, mais qui par sa nature nerveuse est propre à l'être, devient petit à petit extrêmement sensible et de plus en plus apte soit à la magnétisation, soit à l'hypnotisation. C'est encore là un point sur lequel tout le monde est d'accord, tandis qu'on peut dis-

1. Lasègue, *loc. cit.*

cuter et que l'on discute encore la question de savoir si les pratiques auxquelles on se livre dans les salles magnétiques sont capables de provoquer la disposition, alors qu'on ne la possède pas préalablement. — Quoi qu'il en soit, l'opinion que je me suis formée en observant attentivement et sans parti pris ce qui se passe dans les sociétés dites magnétiques est qu'il est bon de ne pas se livrer aux exercices magnétiques, non pas qu'ils soient très dangereux en eux-mêmes, mais parce qu'ils consacrent et perpétuent une prédisposition, innocente au début, mais qui peut revêtir un caractère plus grave sous le coup d'une pareille surexcitation. « Tout individu, dit encore M. Lasègue, soumis à une expérience, acquiert un surcroît d'aptitude, et, à mesure que les expérimentations se sont multipliées, il devient de plus en plus docile; ceux qui sont rompus à ces façons d'exercices deviennent les vrais sujets. »

Ce sera là la conclusion de ce chapitre. Depuis la découverte et la réglementation de l'hypnotisme, faites par Braid, et la similitude des effets positifs, obtenus par cette pratique, avec ceux qui sont la conséquence de la magnétisation, il ne peut plus être question de fluide. Du moment qu'un corps brut quelconque peut produire les mêmes modifications que le « magnétiseur », il n'est plus nécessaire de recourir à l'existence d'un « agent vital », d'une « puissance mystérieuse de la volonté » ou quelque autre chose semblabe. La cause du magnétisme n'est pas, encore une fois, comme l'avait entrevu Faria, dans le magnétiseur, mais dans le magnétisé, et elle réside dans une altération du cerveau de ce dernier, altération qui n'est pas nécessairement manifestée par d'autres symptômes. De là la croyance des magnétiseurs qu'ils opèrent parfois avec grand succès sur des personnes en parfaite santé. On peut présenter l'apparence physique la plus réjouissante, tout en étant parfaitement susceptible d'être magnétisé. — La science n'a certes pas encore arraché tous les voiles qui obscurcissent cette question difficile, mais elle a eu le mérite de poser nettement le problème, et l'on connaît le proverbe : Question bien posée est à moitié résolue. Nous avons acquis cette connaissance certaine que les personnes qui succombent aux pratiques magnétiques et hypnotiques souffrent à des degrés divers de ces névroses que l'on a nommées le somnambulisme, l'hystérie, la catalepsie, la névrose hypnotique (Dr Ladame); névroses qui ne sont pas nettement définies dans l'état actuel de la science. — Nous résumerons brièvement, dans le chapitre suivant, les recherches récentes sur la névrose hystérique, dans laquelle se produisent facilement par des procédés physiques et mécaniques, très déterminables par conséquent, les phénomènes attribués par Mesmer au fameux fluide dont il est l'inventeur.

IV

Une singulière maladie: l'hystérie. Ses caractères généraux, ses rapports avec le somnambulisme, la catalepsie, etc. Influence de l'hypnotisme sur les hystériques. Suggestions, hallucinations. Conclusions.

J'ai donc laissé entrevoir à plusieurs reprises dans le cours de ce travail que le but que je poursuis est de faire considérer les phénomènes remarquables du sommeil provoqué, non pas comme dus à l'existence d'un agent extérieur et pénétrant mystérieusement notre être, ainsi que l'admettent un grand nombre de personnes sur la foi de messieurs les magnétiseurs, mais comme le résultat de certaines pratiques mécaniques ou physiques parfaitement déterminables, exercées sur des individus malades dans certains de leurs organes, dans ceux qui président à leur vie psychique, à leurs mouvements, à leur sensibilité. C'est grâce à une modification pathologique de notre organisme qu'il nous est possible d'exécuter dans telle condition donnée certains tours de force qui étonnent la foule et qui sont d'autant moins méritoires de la part de leur auteur, que ce dernier en est tout à fait inconscient.

Parmi ces altérations de notre système nerveux, ces *névroses*, qui favorisent la mise en jeu des pratiques magnétiques ou hypnotiques, il en est une qui n'est que trop répandue et qui commence à être un peu connue grâce, aux efforts de plusieurs savants, au premier rang desquels nous trouvons un grand médecin, M. le professeur Charcot. — Je veux parler de l'*hystérie*.

Cette maladie bizarre se présente sous tant de formes diverses que pendant longtemps on a cru ne pas pouvoir en saisir les liens. Mais, parmi ces apparences si variées, on a reconnu un type fondamental, on a caractérisé le mal dans ses symptômes essentiels, et l'on a montré que, là où il semblait n'exister que fantaisie ou caprice, il y a en réalité une règle. — Ajoutons que l'hystérie est très souvent alliée avec une autre forme de troubles nerveux, l'épilepsie, dont les accès succèdent ou se combinent selon les cas à ceux de l'hystérie.

Nous choisirons donc l'hystérie comme type d'une névrose favorisant la magnétisation, et nous indiquerons ses caractères d'après les travaux de Charcot, Bernutz, Briquet, Paul Richer etc. Nous signalerons surtout aux personnes qui désireraient connaître plus à fond les phénomènes de cette affection le magnifique ouvrage publié l'an dernier par M. le Dr Paul Richer [1], *Études cliniques sur l'hystéro-épilepsie, ou grande hystérie.*

L'hystérie est beaucoup plus répandue qu'on ne le croit généralement, et ce sont les personnes qui en sont atteintes quelquefois à un faible degré seulement, qui remplissent les salles de représentations magnétiques et présentent la plus grande aptitude à tomber dans le sommeil hypnotique. Elle se rencontre dans tous les pays et à tous les âges, quoiqu'elle soit surtout fréquente entre quinze et trente ans. Elle peut atteindre l'homme aussi bien que la femme; mais, comme chacun le sait, cette dernière y est infiniment plus exposée; sur 333 cas d'hystérie sur lesquels W. Hammond a été consulté, 329 appartenaient au sexe féminin. Parmi les causes de l'hystérie chez la femme, W. Hammond place au premier rang le manque d'un but dans la vie, et la concentration des pensées et des sentiments sur soi-même qui en est la conséquence presque inévitable. « L'oisiveté, ajoute-t-il, est une des causes prédisposantes les plus puissantes de l'hystérie, et c'est, à mon avis, par l'influence directe de ce facteur agissant sur un organisme impressionnable, que l'hystérie est plus commune chez les femmes que chez les hom-

1. Paul Richer, *Études cliniques sur l'hystéro-épilepsie*, in-8, Paris, 1881.

mes. Dans les contrées sauvages et demi sauvages où les femmes travaillent, on n'a pas entendu parler d'hystérie. Elle était presque inconnue chez les négresses de l'Amérique du Sud; mais, depuis leur émancipation, j'ai appris que cette affection devient tout à fait commune chez elles[1]. » Enfin elle est héréditaire au premier chef, et son existence chez les ascendants crée une prédisposition manifeste. On a distingué deux formes principales de la maladie, celle accompagnée de violentes crises ou d'attaques, la *grande hystérie*, et celle qui n'est pas accompagnée d'attaques, qui est comme un diminutif de la première, la *petite hystérie*. L'attaque ne se présentant pas dans tous les cas, cela donne une importance particulière aux autres symptômes que nous devons commencer par énumérer.

« L'hystérie se manifeste toujours par une impressionnabilité excessive qui rend toute sensation incommode ou même douloureuse. Les malades exagèrent l'intensité des sources lumineuses, des sons, des parfums, à tel point, par exemple, que le parfum d'une fleur comme la violette les fait évanouir, par un changement complet dans le caractère, qui devient craintif, soupçonneux, susceptible, incapable de s'attacher pour

1. W. Hammond, *Traité des maladies du système nerveux*, trad. par le Dr Labadie-Lagrave, Paris. 1879, p. 870.

un certain temps à une même occupation, par des accès successifs de grande joie et de tristesse profonde [1], par de violents spasmes des muscles du corps donnant la sensation d'une boule se mouvant du ventre vers l'épigastre, d'une sorte de strangulation, de douleurs variées et très diversement interprétées, enfin dans beaucoup de cas par des hallucinations pouvant atteindre tous les sens.

D'autres signes physiques, tels que les modifications de la digestion, de la circulation, de la motilité, des tremblements convulsifs, des contractures des muscles, etc., sont aussi de précieux indices pour le médecin; mais nous ne pouvons seulement nous y arrêter. Nous mentionnons comme digne de remarque que l'anesthésie totale ou partielle (hémianesthésie) remplace quelquefois l'hyperesthésie et donne lieu à des phénoménes analogues à ceux que nous avons décrits sous ce titre en parlant du magnétisme. L'hyperesthésie cutanée est surtout fréquente.

La grande hystérie est accompagnée de vives

1. Cagliostro décrit ainsi la jeune fille qui fut son premier sujet : « Elle était jeune, blonde, mince et bien prise avec de grands yeux bleus aussi changeants que le ciel. Elle avait des allures étrangement provocantes, tantôt à force de langueur, tantôt par de brusques sursauts; elle cessait de se ressembler toutes les cinq minutes; nerveuse et fantasque, pleine de caprices, il était impossible de savoir son dernier mot. Elle pleurait pour un rien, riait pour moins encore, et ce qui m'ahurissait, c'est qu'elle riait souvent quand il fallait pleurer et pleurait quand il fallait rire. Il y avait toujours un soupir dans ses sourires, un arc-en-ciel dans ses larmes. »

douleurs de différentes parties du corps et qui précèdent l'attaque dans laquelle Charcot et Richer surtout ont réussi à distinguer les quatre périodes suivantes :

a. Une période épileptoïde, pendant laquelle l'attaque prend toutes les apparences de l'épilepsie vraie ; la malade se tord, se secoue, agitée par des tremblements, des convulsions, auxquels succède au bout de quelques minutes un temps de repos par résolution musculaire.

b. Une période de contorsions et de grands mouvements, la *période clonique*, ainsi nommée par M. Charcot en souvenir des exercices exécutés par les clowns dans les cirques, période des *tours de force* (P. Richer). C'est alors que les malades prennent ces positions que les plus forts gymnastes cherchent en vain à imiter, l'arc de cercle tantôt vertical, tantôt horizontal, auxquels succèdent, après quelques instants de relâchement musculaire complet, sans contracture, de nouveaux grands mouvements de torsion ou de flexion, quelquefois coordonnés en façon de lutte et précédés d'un cri perçant, le cri hystérique, semblable au sifflet d'une locomotive.

c. Une période des *attitudes passionnelles* ou des *poses plastiques* (Charcot), qui commence souvent alors que la seconde période n'est pas encore tout à fait terminée et dans laquelle, dit M. Richer,

« la malade est en proie à des hallucinations qui la ravissent et la transportent dans un monde imaginaire. Là, elle assiste à des scènes où elle joue souvent le principal rôle; l'expression de sa physionomie et ses attitudes reproduisent les phénomènes qui l'animent; elle agit comme si son rêve était une réalité. Et, par la mimique expressive à laquelle elle se livre, ainsi que par les paroles qu'elle laisse échapper, il est facile de suivre toutes les péripéties du drame qui se déroule devant elle; son hallucination, purement subjective, devient objective par la traduction qu'elle en fait [1]. » — M. Richer en cite un grand nombre d'exemples, pris au lit même des malades; ils sont un des grands attraits de son livre. — Remarquons avec lui que, pendant cette période, la sensibilité générale et spéciale est complètement abolie; mais la malade conserve la liberté de ses mouvements et le souvenir de ses hallucinations, ce qui la distingue des somnambules.

d. Enfin une dernière période, qui ne fait plus partie à proprement parler de l'attaque, mais qui la suit immédiatement; elle est caractérisée par un délire qui porte sur les sujets les plus variés, « tantôt gai, triste, furieux, religieux ou obscène, et qui se trouve mêlé à de nouvelles hallucinations. »

1. Richer, *loc. cit.*, p. 94.

Les attaques, telles que nous venons de les résumer, sont fréquemment modifiées par l'extension de l'une des périodes aux dépens des autres et par l'immixtion d'éléments étrangers, tels que le somnambulisme, la léthargie, la catalepsie, etc.

C'est ainsi, pour n'en citer que deux exemples, que l'extension de la période des contorsions et des grands mouvements conduit à la variété que l'on a distinguée sous le nom d'*attaque démoniaque*. Là, les mouvements de torsion, les tremblements, les expressions de la physionomie témoignent tant de rage et de douleur que l'on comprend comment, dans les âges d'ignorance, elles ont frappé de terreur ceux qui en étaient témoins et appelé de leur part cette explication téléologique, la présence d'un être mystérieux, d'un monstre ou d'un démon hantant le malade.

Lorsque ce sont les attitudes passionnelles qui prennent une grande extension, nous avons la variété dite de l'*extase*. La malade est transportée par ses hallucinations dans un autre monde, un monde idéal; elle voit le paradis, les anges, la divinité suprême qu'elle adore. Elle se trouve dans le même cas que ces saints, ces savants, ces artistes, qui, plongés dans une méditation profonde et continue, finissent par avoir la sensation correspondant à l'idée qu'ils poursuivent.

« Absorbés dans les objets de leur contemplation, les extatiques sont tantôt silencieux et immobiles, et tantôt ils parlent, ils chantent, ils gesticulent, ils prennent des attitudes en rapport avec les idées, les sentiments, les images dont ils subissent l'empire. Les sens sont le plus souvent abolis; la sensibilité générale est complètement éteinte.

« Le visage reste ordinairement coloré; le pouls, toujours perceptible, est souvent accéléré. La respiration s'effectue d'une façon normale. Parfois elle se ralentit un peu. La peau conserve ordinairement sa chaleur.

« Plus la sensibilité générale ou spéciale s'émousse, plus l'idée-image gagne en énergie, plus elle se rapproche de l'hallucination, à laquelle elle finit par aboutir. Les hallucinations sont des plus variées et en rapport avec les idées et la manière de vivre des extatiques.

« En sortant de leurs accès, notamment des paroxysmes de l'extase mystique, certains sujets accusent une grande vigueur corporelle; ils continuent à éprouver un contentement, une inquiétude d'esprit indicible et parlent avec enthousiasme de toutes les visions délicieuses qu'ils ont eues et dont ils regrettent la trop courte durée [1]. »

Nous trouvons dans ces variétés de l'attaque

1. MICHEA, *Nouveau dictionnaire de médecine et de chirurgie pratiques.* Art. EXTASE, cité par Richer, *loc. cit.*, p. 320.

hystérique l'origine de toutes les histoires merveilleuses de visions surnaturelles, d'apparition de Dieu ou de la Vierge sous une forme matérielle, de cette sensibilité anormale dont sainte Thérèse est l'immortel exemple, de ces épidémies de démonomanie qui ont ravagé les couvents et certains pauvres villages à des époques qui ne sont pas encore très éloignées de nous, et enfin de ces stigmatisées, Marie de Mœrl, Louise Lateau, qui ont fait tant de bruit il y a quelques années encore.

Notons que depuis l'antiquité certaines sectes religieuses se sont emparées de l'extase comme d'un phénomène utile à leur existence, qu'elles se sont ingéniées à l'entretenir, qu'elles l'ont nourrie pour ainsi dire et qu'elles nous ont légué le détail des procédés physiques ou psychiques propres à la provoquer. « Dans tous les temps et dans tous les pays, dit M. Ch. Letourneau dans son livre sur la *Physiologie des passions*, les deux principaux moyens mécaniques employés pour provoquer l'extase sont : de regarder fixement soit la pointe du nez, soit un objet rapproché, quelquefois le ciel, et simultanément de ralentir, d'entraver la respiration. Le premier moyen entraîne nécessairement le second; car il est à peu près impossible de respirer normalement rapidement quand la volonté travaille à maintenir le regard dans la même direction, les yeux dans une position forcée. Le résultat est, comme nous l'apprennent bon nombre d'ascètes, un degré plus ou moins prononcé d'insensibilité et l'apparition de points lumineux, de visions, c'est-à-dire de la congestion cérébrale et rétinienne, suite d'une hématose imparfaite [1]. »

M. Paul Richer rattache à la grande hystérie la chorée épidémique du moyen âge, les convulsionnaires, les trembleurs et, comme nous venons de le dire, les épidémies de possession démoniaque. Il faut lire dans son grand ouvrage comment on trouve, en suivant mot à mot les récits les plus authentiques des possessions des Ursulines de Loudun (1632-1639), celles de Louviers (1642), de Morzines (1861), etc., pour ne citer que les principales, tous les signes essentiels qui permettraient au clinicien d'aujourd'hui de diagnostiquer à coup sûr l'hystérie.

Des états névrotiques voisins de l'hystérie et qu'il n'est pas toujours facile d'en distinguer viennent fréquemment s'y ajouter et en compliquer les périodes. C'est ainsi que la léthargie, ce sommeil profond qui donne au dormeur l'apparence de la mort et qui l'expose ainsi à un sérieux danger, la léthargie se rencontre quelquefois, et qu'au milieu de leurs convulsions les malades

1. Ch. Letourneau, *La physiologie des passions*, Paris, 1878, p. 299.

sont pris spontanément d'attaques de sommeil qui durent parfois pendant plusieurs jours ou plusieurs semaines et qui peuvent être provoquées, comme l'a fait voir le Dr Landouzy [1], chez certains malades par l'apposition de l'aimant dans certaines régions du corps coïncidant avec l'occlusion des paupières.

Il en est de même de la catalepsie qui accompagne alors la phase des attitudes passionnelles et de l'extase et du somnambulisme qui se montrent, comme M. Richer en a recueilli plusieurs exemples, tantôt mêlés aux diverses périodes de la grande attaque hystérique, tantôt sous forme d'accès distincts chez des malades qui d'autre part ont des attaques convulsives ou simplement d'autres signes d'hystérie. Mais ce qui nous paraît le plus intéressant pour le point de vue spécial auquel nous nous sommes placé, c'est le fait que ces différents états peuvent être provoqués par des agents physiques dans des conditions nettement définies et que, si elles ne sont pas absolument identiques à celles dont nous avons parlé dans les chapitres précédents à propos du magnétisme et de l'hypnotisme, présentent du moins avec elles des analogies qui ne sauraient échapper aux esprits attentifs. Les hystériques sont extrêmement sensibles aux pratiques magnétiques et hypnoti-

1. Dr LANDOUZY, *Progrès médical* du 25 janvier 1879.

ques; le fait même de répondre à ces pratiques est pour nous un symptôme bien rarement trompeur de cette affection chez le sujet. La fixation de leur regard sur une source lumineuse un peu vive, une lampe à magnésium, la lumière Drummond ou la lumière électrique, les cataleptise presque instantanément, les pétrifie pour ainsi dire sur place, avec l'attitude qu'elles ont à l'instant précis où le rayon lumineux a frappé leur œil et l'expression de la physionomie en harmonie avec cette attitude. Cette catalepsie n'atteint que les muscles de la vie volontaire et non ceux de la vie végétative. Le sujet demeure ainsi immobile et parfaitement insensible aussi longtemps que la lumière frappe sa rétine, et, lorsque celle-ci disparaît, il passe à un second état, état de sommeil ou de *léthargie*, comme l'a nommé M. Charcot, pour le distinguer du véritable sommeil dont il diffère sous bien des rapports. Les yeux du malade se ferment; une inspiration sifflante se fait entendre, accompagnée de quelques mouvements bruyants de déglutition.

Dans ce second état l'hyperexcitabilité neuro-musculaire dont nous avons parlé précédemment est excessive et l'on parvient par l'attouchement d'un muscle à le faire se contracter, aussi bien les muscles de la face que ceux des membres et l'on peut communiquer ainsi à la physionomie les expressions les plus diverses [1], attention, douleur, joie, dédain, etc.

On peut faire passer de nouveau la malade du second dans le premier état en lui ouvrant l'œil et y faisant pénétrer de nouveau un rayon de lumière.

« Cette curieuse expérience peut être variée de la manière suivante : Supposons la malade plongée dans l'état cataleptique sous l'influence d'une vive lumière. Nous fermons avec la main un seul de ses yeux, l'œil droit par exemple, et aussitôt elle devient léthargique du côté droit seulement, pendant qu'elle demeure cataleptique du côté gauche. C'est-à-dire que les membres et la face du côté droit sont dans la résolution et jouissent seuls de l'hyperexcitabilité musculaire caractéristique de la léthargie, pendant que les membres du côté gauche seulement ont la propriété de conserver les attitudes qu'on leur communique.

« La malade est à la fois, on peut le dire, hémiléthargique et hémicataleptique. L'hémiléthargie ou l'hémicatalepsie peut indifféremment occuper l'un ou l'autre côté du corps [2]. »

1. Je renvoie le lecteur à une série de mémoires de MM. Charcot et Richer, parus dans les *Archives de neurologie*, en 1881 et 1882, sur l'*Hypnotisme chez les hystériques*. Il y trouvera une étude détaillée de la contracture des muscles pendant l'hyperexcitabilité neuro-musculaire.

2. Richer, *loc. cit.*, p. 371.

Les vibrations d'un diapason, ou un bruit intense, ou encore certains airs de musique donnent lieu sur les malades aux mêmes phénomènes. On se sert actuellement à la Salpêtrière, pour cataleptiser les sujets du service de M. Charcot, du tam-tam ou gong chinois ; le son répandu par cet instrument paraît particulièrement propice. M. Richer cite une malade, Gl..., qui y répond avec une grande facilité. Si au moment où elle sort de la salle on donne un coup sur le gong, elle est subitement immobilisée, la jambe levée, le corps penché en avant, comme dans l'action de marcher ; seulement ses mains se sont rapprochées des oreilles, comme pour éviter un bruit assourdissant. La physionomie conserve le plus souvent l'expression de l'effroi ; les yeux sont ouverts. Si on lui ferme les paupières, survient l'état léthargique ; un nouveau coup sur le gong la rend cataleptique. Elle ne conserve au réveil aucun souvenir du bruit qui a causé la catalepsie. Un jour, M. Richer la pria de frapper elle-même sur le gong. A peine eut-elle donné le coup sur l'instrument qu'elle se renversa en arrière, prenant un point d'appui sur le mur près duquel elle se trouvait ; ses deux bras tenant encore les deux parties de l'instrument. — Une autre fois, un certain nombre de malades furent réunies sous prétexte de faire tirer leur photographie. Au moment où la plaque toute préparée était dans l'appareil, on frappa à leur insu un coup sur le gong, et elles furent immédiatement rendues cataleptiques, ce qui permit de les photographier dans cet état.

Cette aptitude à tomber en catalepsie à l'audition d'une vibration intense est fort incommode et permet d'expliquer l'immobilisation subite produite chez certaines personnes par les coups de tonnerre. A la Salpêtrière, un jour de la Fête-Dieu, plusieurs hystériques qui suivaient la procession furent rendues cataleptiques par la musique militaire qui vient chaque année, dans l'intérieur de l'hospice, prêter son concours à cette cérémonie; un coup de grosse caisse, un chien qui aboie, un cri inattendu suffisent pour provoquer cet état.

La fixité du regard soit sur les yeux de l'expérimentateur, soit sur un objet quelconque placés de telle manière qu'ils amènent la convergence des axes visuels, produit, aussi bien que la lumière ou le son, la catalepsie et la léthargie hystériques. On remarquera que ce sont précisément là les conditions du procédé de Braid et que ce procédé rentre par conséquent parmi les nombreuses pratiques propres à provoquer les singuliers états que nous étudions ici et grâce auxquelles nous nous convaincons que l'action propre à l'opérateur est absolument nulle. Le premier venu à la Salpêtrière peut remplacer le médecin;

ce n'est donc pas la personnalité « fluidique » de ce dernier qui joue un rôle, mais simplement les agents physiques, les conditions mécaniques qu'il fait intervenir.

Enfin on peut, sur les sujets rebelles qui refusent de se prêter à la fixation du regard, obtenir les mêmes résultats en comprimant de vive force leurs globes oculaires de manière à produire mécaniquement la convergence des axes optiques.

Il nous faut ajouter que dans certains cas, à la suite de ces pratiques, la succession des phénomènes paraît renversée, ou bien encore qu'ils ne se présentent pas avec tous les caractères que nous venons de résumer. Nous ne devons pas nous étonner par conséquent si la manière d'agir des hypnotisés n'est pas dans tous les cas identique et si l'on réussit à la faire varier en modifiant quelque peu le procédé employé. On peut comparer l'hystérique à un instrument qui rend des sons différents selon la manière dont on le touche. C'est ainsi que M. Richer décrit une malade, B...., qui tombe en léthargie avec hyperexcitabilité musculaire si on l'endort par le regard, mais qui perd l'hyperexcitabilité si l'on exerce une pression sur le sommet de sa tête, pression qui en temps ordinaire est chez elle fort douloureuse; ses muscles ne sont plus excitables, pas plus à la face qu'aux membres; de plus, la catalepsie n'est plus possible en soulevant ses paupières, et la malade présente des phénomènes somnambuliques très accusés qui la font ressembler beaucoup aux magnétisés.

Pendant la période de catalepsie et de léthargie hystériques, les malades peuvent entrer dans des phases où elles répètent absolument tous les « tours » exécutés par les magnétiseurs sur leurs sujets. On peut les piquer, les pincer, sans qu'elles donnent le moindre signe de sensation, mais elles conservent jusqu'à un certain degré la sensibilité spéciale et l'activité psychique nécessaires pour permettre de provoquer les hallucinations et les suggestions que nous connaissons chez les magnétisés. Par l'intermédiaire de la parole, on domine son sujet et l'on parvient au bout de peu de temps et sans difficulté à lui donner une éducation surprenante et à le faire travailler comme un automate.

Dans cet état, les malades ont la tendance à suivre les mouvements que l'on imprime aux corps sur lesquels elles fixent leur regard. C'est une expérience vulgaire chez les magnétiseurs que d'attirer leurs sujets en les regardant fixement et en se déplaçant peu à peu; mais ici encore l'opérateur n'y est pour rien, et la fameuse attraction magnétique n'existe pas en réalité. On peut s'en convaincre facilement du reste en installant le sujet, comme Morin a le premier eu l'idée de le faire, sur le plateau d'une balance que l'on équilibre en plaçant des poids sur le plateau opposé, et en faisant agir le « fluide » de haut en bas. Il est évident que, si la force mystérieuse exerçait réellement sur le sujet une action attractive, celle-ci serait indiquée par la rupture d'équilibre de la balance; or ceci n'a jamais eu lieu. L'attraction de l'hystérique est le résultat de son état pathologique qui la pousse à reproduire exactement les mouvements de l'expérimentateur placé vis-à-vis d'elle, et cela d'une manière tout à fait inconsciente. Selon une heureuse comparaison de M. Richer, la malade se comporte à la façon de l'image de l'observateur réfléchie dans une glace. « Le plus souvent aux mouvements des membres gauches de l'expérimentateur correspondent des mouvements semblables, mais exécutés par les membres droits de la malade .... On peut faire exécuter ainsi à cette dernière les mouvements les plus variés, non seulement des bras et des jambes mais de la face et de tout le tronc, comme ouvrir et fermer la bouche, tirer la langue, frapper des mains, frapper des pieds, s'abaissser, s'accroupir, s'agenouiller, se relever, sauter, se déplacer, marcher, etc. »

En l'absence de la vue, l'ouïe suffit pour conduire à des résultats semblables; la malade frappe immédiatement des mains si elle entend que derrière elle quelqu'un se livre à cet exercice, elle saute si elle entend sauter, etc.

L'automatisme donne lieu encore à des phénomènes plus compliqués, qui sont connus sous le nom d'*automatisme de la mémoire et du souvenir* et se présentent chez quelques sujets seulement. Place-t-on entre les mains de la malade un objet d'usage ordinaire et bien connu d'elle, elle sort de son état cataleptique, et exécute des mouvements en rapport avec l'emploi de l'objet. Lui donne-t-on un chapeau, elle le tourne entre ses mains et le place bientôt sur sa tête; un pardessus, aussitôt elle s'en revêt et le boutonne avec soin; un verre, elle boit; un balai, aussitôt elle balaye; des pincettes, aussitôt elle s'approche du feu, retire les bûches du foyer, les y remet, etc.; un parapluie, elle l'ouvre et paraît sentir l'orage, car elle frissonne, etc. Voici une curieuse expérience faite à la Salpêtrière.

« On place sur une table un pot à eau, une cuvette et du savon; aussitôt que son regard est attiré sur ces objets ou que sa main touche l'un d'eux, la malade, avec une spontanéité apparente, verse l'eau dans la cuvette, prend le savon et se lave les mains; elle le fait avec un soin minutieux. Pendant qu'elle tourne ainsi le savon entre ses mains, si l'on vient à abaisser la paupière d'un seul œil, de l'œil droit par exemple, tout le côté droit du corps devient léthargique, la main droite s'arrête aussitôt; mais, chose singulière, la main gauche seule n'en continue pas moins le mouvement. En soulevant de nouveau la paupière les deux mains reprennent aussitôt leur action de la même façon qu'auparavant. Si l'on abandonne la malade à elle-même, le mouvement se prolonge; puis enfin elle redevient cataleptique les mains dans l'eau. Mais, si l'on vient à lui présenter un essuie-mains, de suite elle le saisit et s'essuie les mains avec la même persistance qu'elle mettait tout à l'heure à se les laver. On met ensuite entre les mains de la malade du tabac et du papier à cigarettes. Aussitôt elle se met en devoir de faire une cigarette, ce qu'elle fait fort maladroitement. On lui présente alors une boîte d'allumettes; elle l'ouvre, en prend une, l'allume en frottant sur la table; mais elle se brûlerait, si l'on n'avait soin aussitôt de l'éteindre, car ses doigts sont tout proches de l'extrémité qui flambe, et elle ne les retire pas. Elle est dans cet état complètement anesthésique. Au lieu de tabac, nous mettons entre les mains de la malade la petite boîte qui renferme son travail au crochet; aussitôt elle ouvre la boîte, prend son ouvrage et travaille avec une adresse remarquable, débrouillant les fils, comptant les points, etc. Si une main étrangère défait les derniers points en tirant sur le fil, elle les refait toujours de la même façon, à la manière d'une machine, etc. [1]. » On comprend qu'on peut varier l'expérience de mille manières différentes.

Mais ce sont les hallucinations provoquées par la parole de l'observateur qui revêtent les caractères les plus remarquables. Nous pourrions répéter ici tout ce que nous avons dit à ce propos en parlant de l'hypnotisme; la malade en état de catalepsie ou de léthargie est à la merci de quiconque lui parle, et le procédé employé à l'origine par les magnétiseurs sert aujourd'hui à M. Charcot dans ses conférences de démonstration à la Salpêtrière. L'hallucination peut, soit simultanément, soit séparément, intéresser tous les sens, et son caractère varie un peu selon les malades, en ce sens que ces dernières y mettent plus ou moins, mais toujours, un peu de leur propre fond. Elles se livrent à certaines réflexions en relation avec leur hallucination. Rien n'est plus simple, lorsqu'on a sous la main de bons sujets, que de varier l'expérience sous toutes les formes voulues. Un simple geste, à défaut de la parole, suffit; trace-t-on sur le sol du bout du doigt une ligne ondulée, la malade croit voir un serpent et se sauve en criant; gratte-t-on le plancher avec l'ongle, elle voit des rats; un tremblement de la main à une

1. Richer, *loc. cit.*, p. 391.

certaine distance de ses yeux devient pour elle la source d'une hallucination dans laquelle elle voit des oiseaux, dont elle cherche aussitôt à s'emparer.

L'attitude qu'on donne à la malade lui fournit une hallucination en harmonie avec cette attitude. C'est là, à proprement parler, ce qu'on entend par suggestion. Lui croise-t-on les doigts, comme elle a l'habitude de le faire en priant, aussitôt elle devient l'objet d'une hallucination religieuse; lui ferme-t-on les poings, elle se met en colère.

A la Salpêtrière, « pendant que B... est en état cataleptique, on attire son regard et, le dirigeant à terre, on lui dit qu'elle est dans un jardin rempli de fleurs. Aussitôt l'état cataleptique cesse, elle fait un geste de surprise, sa physionomie s'anime; « qu'elles sont belles! » dit-elle, et, se baissant, elle cueille les fleurs, en fait un bouquet, qu'elle attache à son corsage, etc. Pendant qu'elle se livre à sa cueillette imaginaire, on lui fait remarquer qu'une grosse limace se trouve sur la fleur qu'elle tient dans la main. Elle regarde..... L'admiration fait aussitôt place au dégoût, elle rejette la fleur et s'essuie avec persistance la main à son tablier.

« Si l'on montre à une autre malade, Bar...., un blessé, on la voit prendre un air de commisération, se baisser, s'agenouiller et faire le geste de rouler une bande autour d'un membre malade. La vue d'une troupe de petits enfants lui inspire les sentiments les plus tendres; elle se mêle en quelque sorte à leurs jeux, les prend tour à tour dans ses bras et les embrasse; elle les décrit avec des cheveux blonds ou noirs et les yeux bleus. Si on lui montre le paradis entr'ouvert sur sa tête, la sainte Vierge, les anges et les saints, alors son admiration ne connaît pas de bornes, sa physionomie rayonne, elle joint les mains, se jette à genoux, et toute son attitude rappelle celle des extatiques. Elle laisse échapper des exclamations de joie et d'admiration et murmure des prières. En la questionnant sur ce qu'elle voit, on peut lui faire décrire sa vision en détail, les vêtements des personnages célestes, etc., etc. Naturellement, chaque malade se crée son paradis, en rapport avec son degré d'instruction et la richesse de son imagination. D'ailleurs on peut le lui faire voir tel que l'observateur le désire; elle suit avec beaucoup d'intérêt la description qu'on lui en donne et transforme immédiatement en une série d'images le simple récit qu'on lui en fait; son aveugle crédulité ne s'arrête point devant les invraisemblances [1]. »

J'ai vu tenter avec un succès partiel par quelques magnétiseurs une expérience qui, quoique

1. Richer, *loc. cit.*, p. 395 et suiv.

interprétée par eux très différemment, est la même que celle qui réussit parfaitement à la Salpêtrière. Je veux parler de l'expérience qui consiste à surajouter tout ou partie d'un membre à une malade cataleptisée. On lui dit par exemple qu'elle a six doigts à l'une de ses mains ; après un instant d'étonnement, elle voit en effet ce sixième doigt imaginaire, et, chose étonnante, elle le sent, elle crie et se plaint lorsqu'on simule de le lui pincer ou de le couper et donne tous les signes d'une vive douleur. Il y a là non seulement hallucination de la vue, mais encore hallucination de la sensibilité pour la douleur.

« Le pouvoir, dit encore M. Richer, que l'observateur possède sur l'organisation du sujet mis dans cet état nerveux spécial, peut aller encore plus loin et dépasser les limites de l'hallucination. On peut provoquer chez lui des sensations internes et faire naître des mouvements qui en temps ordinaire sont en dehors du domaine de la volonté. Nous asseyons B.... à une table que nous lui disons être richement servie. Nous l'engageons à boire des vins délicieux. Elle fait le geste de verser du vin dans un verre et de porter ce dernier à ses lèvres. Elle trouve le vin exquis. Nous l'exhortons à boire encore : « J'ai peur de me faire mal, » dit-elle. Nous la rassurons, et les rasades se suivent. Bientôt nous lui disons qu'elle est grise. En effet, elle se lève inquiète et chancelle, elle marche comme une femme ivre et porte la main à son estomac avec un air de souffrance. Il nous est possible de provoquer alors de véritables nausées en lui disant qu'elle a mal au cœur et qu'elle vomit. Elle paraît même tellement souffrir que nous n'osons prolonger cette scène. Il suffit alors de lui affirmer qu'elle est guérie, qu'elle n'a plus rien, pour faire tout cesser à l'instant. »

Ce que nous venons de rapporter ne concerne que les hallucinations qu'il est possible de provoquer pendant l'état de catalepsie ; mais lorsqu'on a fait passer la malade de cet état dans celui dit de léthargie, il est encore possible, quoique moins facilement, de la soumettre à de pareilles épreuves. Seulement, comme pendant la léthargie les yeux sont ordinairement fermés, les hallucinations de la vue ne sont pas possibles. Sauf ce point, nous y retrouvons tous les caractères des hallucinations que les Hansen et les Donato provoquent sur leurs somnambules.

Dans tous les exemples de suggestion que nous avons cités, dans ceux où l'hallucination est incontestable et dirigée par la volonté de l'opérateur, cette volonté est *exprimée* soit par la parole, soit par des gestes. En opérant sur des sujets bien éduqués, rendus extrêmement *sensibles* par une pratique fréquente et depuis longtemps répétée, tels que ceux qui sont exhibés en public, les gestes indicateurs peuvent être réduits à un minimum et passer inaperçus auprès d'un observateur inattentif. De là l'apparente suggestion mentale qui consiste à faire voir, entendre ou exécuter au sujet *ce que l'on pense*. Je dois dire que j'ai assisté à plusieurs opérations de cette nature, faites par des magnétiseurs de profession sur des sujets évidemment hystériques, sans que jamais les résultats obtenus aient réussi à entraîner ma conviction. Le magnétiseur m'annonçait, il est vrai, par écrit, et sans l'articuler d'une manière sensible pour moi l'ordre, qui était exécuté peu après par son sujet. Le tour réussissait alors très bien, mais il n'en était plus de même lorsque le magnétiseur consentait à se dissimuler — ce qui est difficile à obtenir de lui — derrière un rideau, de manière à le rendre invisible à son sujet. On conviendra que cette dernière condition est cependant indispensable; il faut, pour se convaincre de l'action indépendante de la pensée, rendre impossible une action physique, quelque faible et imperceptible soit-elle pour une personne non exercée. Toutes les fois que le magnétiseur et son sujet demeureront en présence, je conserverai des doutes sur la valeur des résultats. Sans doute, nous ne devons rien nier *à priori*, comme le fait justement remarquer M. Ch. Richet; mais nous ne devons pas non plus admettre, ainsi que le fait le grand public, pour scientifique une expérience dont on ne peut pas contrôler toutes les circonstances. Je ne crois rien exagérer en disant que ce contrôle est impossible dans les conditions où se placent ordinairement les magnétiseurs.

On sait enfin que les magnétiseurs attachent une grande importance à ce fait que certaines personnes sont plus sympathiques aux sujets que d'autres et se montrent plus aptes à les faire agir pendant le sommeil magnétique, ce qu'ils expliquent naturellement en admettant que ces personnes possèdent une plus forte dose de fluide. Quelque chose d'analogue a été constaté chez certaines hystériques qui s'attachent préférablement à l'opérateur qui a agi sur elles en premier lieu. Comme c'est là un point qui permettra peut-être un jour de jeter de la lumière dans un chapitre du magnétisme aujourd'hui très obscur, je rapporterai tout au long l'observation suivante de M. Richer :

« Bar..., dans l'état de somnambulisme sans hyperexcitabilité musculaire, présente une sorte d'attraction pour l'observateur qui, en pressant avec le doigt sur le sommet de sa tête, l'a plongé dans cet état. S'il s'éloigne, elle devient inquiète, se met à geindre, le recherche, le suit et ne trouve de repos qu'après l'avoir rejoint. Elle se contente alors de se maintenir près de lui immobile, mais le même manège recommence s'il vient à s'éloigner de nouveau. J'ai toujours vu le même phénomène se produire, quel que soit celui qui ait touché son point magnétique. Si l'attouchement de ce point a été fait par l'intermédiaire d'un objet quelconque, le même état nerveux de somnambulisme sans hyperexcitabilité ne s'en produit pas moins; mais l'état spécial d'attraction dont je parle, n'existe pas, la malade demeure impassible. Cependant ce curieux phénomène ne demande qu'une occasion pour se développer, et il se produit immédiatement en faveur de celui qui le premier, quel qu'il soit, touche la malade et particulièrement les parties nues de son corps, comme les mains.

« C'est alors que nous avons pu varier l'expérience d'une façon bien curieuse et qui prouve bien que cette influence n'a rien de mystérieux, et qu'elle réside tout entière *dans une modification particulière du tact* qui s'opère en dehors de la conscience de la malade.

« Pendant que la malade est plongée dans le somnambulisme par la friction du vertex au moyen d'un objet quelconque, deux observateurs se présentent qui, sans résistance aucune de sa part, s'emparent chacun d'une de ses mains. Que va-t-il se passer? Bientôt la malade de ses deux mains presse celles de chacun des observateurs et ne veut pas les abandonner. L'état spécial d'attraction existe à la fois pour les deux. Mais la malade se trouve en quelque sorte divisée par moitié. Chaque observateur ne possède la sympathie que d'une moitié de la malade, et celle-ci oppose la même résistance à l'observateur de gauche en possession de la main gauche lorsqu'il veut saisir la main droite, qu'à l'observateur de droite lorsqu'il veut saisir la main gauche. Je ne chercherai pas l'explication de cette singulière influence d'un contact étranger. Je me borne à signaler le fait comme un fait d'observation régulièrement observé [1]. »

Je ne m'étendrai pas davantage sur les phénomènes psychiques observés chez les hystériques, dont je me contente d'indiquer les traits principaux. Quiconque prendra la peine de rechercher les antécédents des nombreuses personnes qui succombent à l'action attribuée au fluide et mise en pratique par les magnétiseurs se convaincra que ces personnes, si elles ne sont pas hystériques vraies, comme on l'a constaté chez quelques-uns des meilleurs sujets de Donato, présentent quelque altération cérébrale qui explique leur faiblesse à cet égard. De pareilles enquêtes ont été faites souvent, et dans tous les cas elles ont conduit à

1. Richer, *loc. cit.*, p. 407.

des résultats analogues. Le fait que les magnétiseurs, la plupart d'entre eux du moins, n'ont pas fait d'études médicales et ignorent les symptômes des maladies, ne leur permet pas de pratiquer une enquête de cette nature. Aussi ne devons-nous pas nous étonner s'ils affirment en conscience opérer sur des sujets sains, alors que l'œil exercé du médecin reconnaîtra dans la vie de ces mêmes sujets, dont la santé paraît florissante, les traces d'une condition nerveuse spéciale les prédisposant à jouer le rôle de pièces démonstratives de l'existence du prétendu fluide.

On a dit que le fait d'obtenir des états identiques à ceux produits par les magnétiseurs, en employant uniquement des actions physiques mesurables et des forces naturelles bien connues, n'excluait pas la possibilité de l'existence de nouvelles forces spéciales agissant seulement d'un être vivant sur un autre être vivant et contribuant elles aussi dans une large mesure à la production de phénomènes surprenants. Ceci est parfaitement juste. Nous devons reconnaître que les manifestations si singulièrement variées, si souvent obscures, auxquelles donnent lieu les « bons sujets », sont loin d'être toutes expliquées et portent parfois à admettre l'action de forces inconnues des physiciens; mais on conviendra qu'en tout état de choses on doit commencer par déterminer les circonstances physiques dans lesquelles se présentent ces manifestations. C'est là le point essentiel sur lequel nous avons tenu à insister à plusieurs reprises.

Actuellement, la science a réussi à distinguer parmi les phénomènes attribués autrefois au « *fluide magnétique* » et encore maintenant par quelques savants à la « *force neurique* » ou à une « *nouvelle force* » sans autre qualificatif, ceux qui sont réels, positifs, facilement constatables par quiconque sur un sujet prédisposé, de ceux qui n'ont été vus que par quelques personnes et que l'on peut attribuer soit aux illusions des sens de l'observateur, soit à de singulières coïncidences, soit enfin à la supercherie. Parmi les premiers, nous avons mentionné la catalepsie, les contractures partielles ou généralisées des muscles, l'anesthésie plus ou moins complète, l'hyperesthésie ou l'exagération de la sensibilité, se portant soit sur la sensibilité générale, soit sur la sensibilité spéciale, la vue, le toucher, l'ouïe, etc. ; et enfin parmi les phénomènes psychiques, ceux de suggestion, d'hallucination provoquée, de somnambulisme, etc., provenant d'un état particulier du cerveau qui permet à divers degrés la substitution des facultés intellectuelles d'autrui. Parmi les seconds, qu'un certain nombre de magnétiseurs et de médecins font rentrer dans le même cadre, la clairvoyance, l'extra-lucidité, la divination, l'action à une distance indéfinie, etc., nous avons dit que, malgré la bonne volonté et les soins qu'y ont mis à plusieurs reprises un grand nombre de commissions scientifiques, ils n'ont jamais été constatés positivement lorsque les observateurs se sont placés dans des conditions rendant strictement impossibles l'introduction d'erreurs involontaires, de la ruse ou de procédés charlatanesques. Ces derniers phénomènes se sont produits certainement, puisqu'ils ont été affirmés de bonne foi par des personnes non prévenues, mais aveuglées par l'habileté prestigieuse de ceux qui les mettaient au jour.

Nous avons vu que, pour expliquer les phénomènes positifs sur lesquels Mesmer et ses successeurs ont si vivement appelé l'attention publique, il n'était pas actuellement nécessaire à la science de recourir à l'hypothèse d'un agent mystérieux émanant du magnétiseur et pénétrant le magnétisé, mais qu'ils pouvaient l'être par l'état de maladie dans lequel se trouve le sujet et par une action physique nécessaire, pouvant et devant être déterminée dans chaque cas particulier, tantôt un mouvement continu et monotone, un frôlement, un pincement, etc. ; tantôt la fixation du regard et la convergence des axes oculaires sur un point fixe, tel qu'un objet brillant ou l'opérateur lui-même; tantôt un mouvement vibratoire, certains airs de musique, un coup de tonnerre, le tam-tam, l'approche du diapason; tantôt enfin la fixation d'une vive lumière ou la pression directe des globes oculaires du sujet.

C'est parce que ces deux groupes de faits ont été singulièrement mêlés et exploités simultanément par certains magnétiseurs depuis Mesmer jusqu'à Hansen et Donato, que le public sceptique les a confondus dans une même incrédulité et les a attribués tous à la simulation et à la comédie. C'est là un tort, et c'est pourquoi nous devons tous, partisans décidés du magnétisme animal ou adversaires de ses doctrines, payer un tribut de reconnaissance aux Charcot, aux Heidenhain, aux Preyer, aux Charles Richet, aux Paul Richer, etc., qui dans le silence du laboratoire et sans autre amour que l'amour de la vérité ont travaillé et travaillent encore à distinguer le vrai du faux avec toute l'impartialité scientifique.

Et maintenant je résumerai dans les propositions suivantes les conclusions de ce travail :

1° Nous ne connaissons les phénomènes du monde extérieur dans lequel nous vivons que par l'intermédiaire de nos organes des sens qui les recueillent et les transmettent à notre conscience, dont le siège est le cerveau, organe de notre vie psychique.

2° En dehors du phénomène de la conscience, toutes les sensations sont réductibles à des mouvements vibratoires qui se transmettent de proche en proche à travers les nerfs jusqu'aux centres nerveux cellulaires, le cerveau et la moelle épinière.

3° Les impressions sensitives qui ne sont transmises qu'à la moelle épinière demeurent inaperçues de notre conscience ; elles n'en provoquent pas moins des mouvements de différentes parties du corps, mais ces mouvements s'effectuent inconsciemment sans le concours de notre volonté ; on les nomme en physiologie des *mouvements réflexes*.

4° De même qu'une sensation réelle peut avoir lieu sans que nous en ayons conscience, nous pouvons dans certains cas avoir conscience de sensations qui n'ont pas de réalité extérieure. Ces sensations, qui ne sont pas provoquées par un objet externe, constituent les hallucinations, qui, chez les personnes dont le jugement n'est pas sain, sont interprétées à tort comme des réalités.

5° Tous les organes des sens sont sujets à de pareilles hallucinations.

6° Nous trouvons dans quelques états particuliers du cerveau, dans celui d'anémie qui procure le sommeil normal, dans celui d'altération physique qui paralyse un certain nombre de nos facultés intellectuelles, la condition d'existence des rêves, des phénomènes du somnambulisme et de ses variétés, de l'hystérie et de ses complications.

7° Les hallucinations peuvent être provoquées chez l'homme sain et éveillé en frappant son imagination, en sollicitant son attention ou en entraînant par d'habiles discours la persuasion de sensations imaginaires.

8° Le fait même que nos organes des sens sont exposés à des erreurs faciles doit nous rendre extrêmement sévères dans l'appréciation de leurs témoignages.

9° Les hallucinations provoquées sont obtenues avec une grande facilité chez les personnes plongées dans le sommeil pathologique, conséquence de certaines pratiques déterminables et d'un état névrotique spécial.

10° Le sommeil pathologique est précédé ou accompagné de modifications dans l'innervation qui conduisent à la catalepsie, à l'hyperexcitabilité neuro-musculaire, à l'anesthésie, à l'hyperesthésie, etc.

11° Il est obtenu chez les personnes prédisposées à la suite de pratiques diverses connues sous le nom de passes magnétiques, d'hypnotisme, d'impressions physiques, telles que la musique, le tonnerre, le tam-tam, une vive lumière, certains parfums, etc., ou d'impressions morales, une grande frayeur, un chagrin intense, une joie trop vive, une déception, une surprise, etc.

12° Les phénomènes qui l'accompagnent et qui sont exhibés devant le grand public doivent être soumis au crible d'une critique sévère, afin d'en éliminer ceux qui sont dus à la supercherie, à la ruse, à la simulation.

13° Dans l'état actuel de nos connaissances positives, il n'est pas nécessaire, pour expliquer les phénomènes dits magnétiques, de recourir avec Mesmer et ses successeurs à l'hypothèse d'un fluide doué de propriétés merveilleuses.

14° La cause essentielle de ces phénomènes ne réside pas dans le magnétiseur, mais dans le magnétisé et dans un état névrotique particulier à ce dernier.

15° La science positive ne nie en aucune manière l'existence possible dans l'univers de forces encore inconnues, mais elle ne peut spéculer que sur celles qui ont été dûment constatées. Sans doute le champ de l'inconnu est immense, et nous devons aspirer avec ardeur à de nouvelles conquêtes par un travail sérieux et méthodique, éloignant de nous toutes les causes d'erreur dues à une imagination malade ou à des intérêts extra-scientifiques.

TABLE DES MATIÈRES

Coulommiers. — Typ. Paul BRODARD.

www.ingramcontent.com/pod-product-compliance
Lightning Source LLC
LaVergne TN
LVHW050141180726
843501LV00012B/1492

* 9 7 8 2 3 2 9 3 4 8 3 6 0 *